DSP 控制器原理与技术应用

宋合志　编著

机 械 工 业 出 版 社

目　　录

第1章 概　　述

1.1　DSP 概述

1.1.1　DSP 定义

DSP 可以代表数字信号处理（Digital Signal Processing）技术，同时也可以代表数字信号处理器（Digital Signal Processor）。前者是理论和计算方法上的技术，后者是指实现这些技术的通用或专用的可编程微处理器芯片。在本书中，DSP 指的是数字信号处理器，主要研究如何把数字信号处理技术应用于数字信号处理器中，从而对数字信号进行分析、处理。

1.1.2　DSP 芯片的特点

DSP 微处理器是为了满足数字信号处理及实时控制而制造的一类微处理器，具有特殊的芯片架构与指令集，有如下特点：

1. 多总线结构

DSP 内部一般采用哈佛（Harvard）结构或改进型哈佛结构，其片内至少有 4 套总线，分别为程序数据总线、程序地址总线、数据总线和数据地址总线。这种完全隔离的程序与数据存储器及双独立总线结构，可允许同时获取来自程序存储器的指令字和来自数据存储器的操作数，这意味着在一个机器周期内，可以同时取指令和操作数而互不干扰。

2. 专用乘法器

一般的算术逻辑单元（Arithmetic and Logic Unit，ALU）的乘法运算由加法和移位实现，乘法运算需要多个指令周期来完成，运算速度慢。DSP 设置了专用的硬件乘法器，一次或多次乘法累加运算可以在一个指令周期内完成。

3. 流水线操作

执行一条 DSP 指令，需要经过取指令、译码、取操作数和执行等几个阶段。DSP 的流水线结构使得这几个阶段在执行程序过程中是重叠的，在执行本条指令的同时，后继的若干条指令也在完成取指令、译码、读操作数操作，即在每个指令周期内，多条指令同时处于激活状态，但是，处于不同的阶段同时处于激活状态的指令数与 DSP 芯片流水线的深度有关。

4. 多处理单元结构

DSP 内部一般包含多个处理单元，如硬件乘法器（MUL）、累加器（ACC）、算术逻辑单元（ALU）、辅助算术单元（ARAU）等。它们都可以在一个单独的指令周期内执行计算任务，且这些运算往往是同时完成的，因此，DSP 可以完成连续乘加运算，每次运算都是单周期的。

5. 特殊的指令设置

DSP 在指令系统中采用了一些特殊指令，主要包括为实现数字信号处理算法而设置的特殊指令，例如，为了实现 FFT（快速傅里叶变换）算法，指令系统中设置了"循环寻址"名及"位倒序"等特殊指令。

6. 快速的指令周期

DSP 芯片采用上述哈佛结构、流水线操作，并设计了专用的硬件乘法器和特殊 DSP 指令，使得 DSP 芯片的指令周期能够达到数十纳秒至几纳秒。

7. 资源丰富，接口方便

DSP 芯片上集成了丰富的外设资源，如定时器、ADC 模块、PWM 模块等，并包含许多与外设芯片通信的接口，如 McBSP、SPI、I^2C、XINTF 等，这些功能性端口也可以独立配置为通用 I/O 端口。

1.2　DSP 的发展与应用

1.2.1　DSP 微处理器的发展历程

世界上第一片单片 DSP 微处理器应当是 1978 年 AMI 公司推出的 S2811，1979 年美国 Intel 公司推出的商用可编程器件 2920 是 DSP 微处理器的一个主要里程碑。但这两种微处理器内部都没有现代 DSP 微处理器所必须具有的单周期乘法器。1980 年，日本 NEC 公司推出的 μPD7720 是第一片具有乘法器的商用 DSP 微处理器。

第一个采用 CMOS 工艺生产浮点 DSP 微处理器的公司是日本的 Hitachi 公司，该公司于 1982 年推出了浮点 DSP 微处理器。1983 年，日本 Fujitsu 公司推出 MB8764，其指令周期为 120ns，且具有双内部总线，从而使处理的吞吐量发生了一个大的飞跃。而第一片高性能的浮点 DSP 微处理器应是 AT&T 公司于 1984 年推出的 DSP32。与其他公司相比，Motorola 公司在推出 DSP 微处理器方面相对较晚。1986 年，该公司推出了定点微处理器 MC56001。1990 年，推出了与 IEEE 浮点格式兼容的浮点 DSP 微处理器 MC96002。

至今为止，最成功的 DSP 微处理器生产商是美国的 TI 公司，该公司在 1982 年成功推出其第一代 DSP 微处理器 TMS32010 及其系列产品 TMS32011、TMS320C10/C14/C15/C16/C17 等，之后相继推出了第二代 DSP 微处理器 TMS32020、TMS320C25/C26/C28，第三代 DSP 微处理器 TMS320C30/C31/C32/VC33，第四代 DSP 微处理器 TMS320C40/C44，第五代 DSP 微处理器 TMS320C5X/C54X/C55x，第二代 DSP 微处理器的改进型 TMS320C2xx，集多片 DSP 微处理器于一体的高性能 DSP 微处理器 TMS320C8x 以及目前速度最快的 TMS320C62x/C64x/C67x 等。目前，TI 公司拥有 TMS320C2000 系列、TMS320C5000 系列、TMS320C6000 系列、Keystone 多核处理器、DaVinci 视频处理器等 5 大系列的 DSP 微处理器。

美国模拟器件公司（Analog Devices Inc.，ADI 公司）在 DSP 微处理器市场上也占有较大的份额，该公司相继推出了一系列具有显著特点的 DSP 微处理器。目前，ADI 公司有 Blackfin、SHARC、Sigma、TigerSHARC 和 21xx 5 个系列的 DSP 微处理器，可供选择的 DSP 微处理器有百余种，种类和数量多，可选余地大。

自 1980 年以来，DSP 微处理器得到了突飞猛进的发展，DSP 微处理器的应用越来越广泛。下面从几个方面来看看 DSP 微处理器的发展。

1. 运算速度

微处理器的乘累加（MAC）运算时间已经从 20 世纪 80 年代初的 400ns（如 TMS32010）降低到 10ns 以下（如 TMS320C54x/C55x），运算能力提高了几十倍，甚至上百倍。

2. 片内资源

越来越丰富，内部集成 RAM、ROM、McBSP 串行接口、定时器、IPc 接口、USB 接口、并行接口、A/D 转换接口、通用 I/O 接口等。

3. 制造工艺

1980 年采用 4μm 的 N 沟道 MOS（NMOS）工艺，而现在则普遍采用亚微米 CMOS 工艺。

4. 引脚数量

从 1980 年的最多 64 个增加到现在的 200 个以上。引脚数量的增加，增强了微处理器的功能，提高了微处理器外部接口的灵活性，如外部存储器的扩展和处理器间的通信等。

5. 微处理器封装

从早期的双列直插封装（DIP），到现在普遍使用的方形扁平封装（QFP）和球形栅格阵列封装（BGA）。虽然功能与引脚数量明显增加，但微处理器体积却变小了。

6. 微处理器种类

品种越来越多，定点、浮点，单核、双核、多核……总能找到一款适合特定应用的微处理器。

7. 微处理器价格

同等性能条件下，价格显著下降，微处理器的性能价格比显著上升。

1.2.2　DSP 微处理器的分类

DSP 微处理器分类有多种方式，下面按照数据格式、微处理器用途、微处理器内含 DSP 核数量、微处理器内含 CPU 类型 4 种方式来分类。

1. 按数据格式分

根据 DSP 微处理器处理的数据格式来分类，通常可分为定点 DSP 微处理器和浮点 DSP 微处理器。

（1）定点 DSP 微处理器

数据以整型数方式处理的称为定点 DSP 微处理器，如 TI 公司早期的 TMS320C1x/C2x、TMS320C2XX/C5x，现在广泛应用的 TMS320C54x/C55x、TMS320C64x/C62x，ADI 公司的 ADSP - Blackfin 系列，Motorola 公司的 DSP56000，Lucent 公司的 DSP1600 等。

定点 DSP 微处理器的一个重要指标是数据的字长，一般的数据字长为 16 位（也有 24 位、32 位）。对于 16 位定点 DSP 微处理器，指令集中支持运算的数据多数是 16 位的整型数，少数指令可能也支持 32 位，但运算量会增加。

（2）浮点 DSP 微处理器

数据以浮点数方式处理的称为浮点 DSP 微处理器，如 TI 公司早期的 TMS320C3x/C4x，现在广泛应用的 TMS320C67x，ADI 公司的 SHARPDSP 系列，Lucent 公司的 DSP32/32C，Motorola 公司的 DSP96002 等。

不同浮点 DSP 微处理器所采用的浮点格式不完全一样，有的 DSP 微处理器采用自定义的浮点格式，如 TMS320C3x，而有的 DSP 微处理器则采用 IEEE 的标准浮点格式，如 Motorola 公司的 DSP96002、Fujitsi 公司的 MB86232 和 Zoran 公司的 ZR35325 等。

2. 按微处理器用途分

按照 DSP 微处理器的用途来分类，可分为通用型 DSP 微处理器和专用型 DSP 微处理器。

通用型 DSP 微处理器是用户可编程的，也称可编程 DSP 微处理器，适合普通的 DSP 应用，如 TI – DSP 微处理器都属于通用型 DSP 微处理器。本书主要讨论这种通用型 DSP 微处理器。

专用型 DSP 微处理器是为特定的 DSP 算法而设计制造，适合特殊的运算和应用，如数字滤波、FFT、语音编码、语音合成、调制解调等，这类微处理器是用户不可编程的。

3. 按内含 DSP 核的数量来分

按照 DSP 微处理器内含的 DSP 核的数量来分类，可分为单核型 DSP 微处理器和多核型 DSP 微处理器。

单核型 DSP 微处理器内部仅有一个 DSP 核，如 TMS320VC5509、TMS320VC5416、TMS320C6424 等。

多核型 DSP 微处理器一般内含两个或两个以上的 DSP 核，如 TMS320C6474 内含 3 个 TMS320C64x 的 DSP 核。

4. 按内含 CPU 类型来分

按照 DSP 微处理器内含的 CPU 核类型来分类，可分为单纯型 DSP 微处理器和混合型 DSP 微处理器。

单纯型 DSP 微处理器内含的 CPU 不论数量多少，均为 DSP 核。

混合型 DSP 微处理器内部除了 DSP 核以外，还有其他类型的 CPU，一般为 ARM 核，形成 DSP + ARM 的混合形式。

1.2.3　DSP 微处理器的应用

自 20 世纪 80 年代初 DSP 微处理器诞生以来，DSP 微处理器得到了飞速的发展。DSP 微处理器的高速发展，一方面得益于集成电路技术的快速发展，另一方面也得益于巨大应用市场的大力推动。在 40 多年时间里，DSP 微处理器已经在信号处理、自动控制、电信、雷达、音视频、汽车、医疗、家电等许多领域得到广泛的应用。目前，DSP 微处理器的价格越来越低，功能越来越强大，性能价格比日益提高，应用潜力巨大。DSP 微处理器的主要应用见表 1-1。

表 1-1　DSP 微处理器的典型应用

通用信号处理	数字滤波、自适应滤波、FFT、相关运算、谱分析、卷积、模式匹配、波形产生
自动控制	工业控制、发动机控制、声控、自动驾驶、机器人控制、磁盘控制
电信	移动电话、调制解调器、自适应均衡、数据加密、数据压缩、同波抵消、多路复用、传真、扩频通信、纠错编码
语音	声码器、语音合成、语音识别、语音增强、说话人识别、说话人确认、语音存储、文字/语音转换

表示。

数据类型的其他特点有：

1）所有的整型（char，short，int 以及对应的无符号类型）都是等效的，用 16 位二进制值表示。

2）长整型和无符号长整型用 32 位二进制值表示。

3）有符号数用补码符号表示。

4）char 是有符号数，等效于 int。

5）枚举类型 enum 代表 16 位值，在表达式中 enum 与 int 等效。

6）所有的浮点类型（float，double 及 long double）等效，表示成 IEEE 单精度格式。

2.1.2　头文件

头文件（扩展名为 . h）是 C 语言不可缺少的组成部分，是用户程序和函数库之间的纽带，它本身不含程序代码，只是起描述性作用，是一种包含功能函数、数据接口声明的载体文件，用户程序只要按照头文件中的接口声明来调用库功能，编译器就会从库中提取相应的代码。TI 公司提供头文件供用户使用，其中定义了 DSP 系统用到的寄存器映射地址，寄存器位定义和寄存器结构等内容。DSP2833x 头文件主要包含 DSP2833x. h 和各个外设头文件。

1. DSP2833x_Device. h

在每个主程序中一般都会出现头文件 DSP2833x_Device. h，这个头文件中包括了所有其他外设头文件以及对一些常量的定义等内容。例如，外设头文件有：

```
// Include All Peripheral Header Files：
#include " DSP2833x_Adc. h"              // ADC Registers
#include " DSP2833x_DevEmu. h"           // Device Emulation Registers
#include " DSP2833x_CpuTimers. h"        // 32 – bit CPU Timers
#include " DSP2833x_ECan. h"             // Enhanced eCAN Registers
#include " DSP2833x_ECap. h"             // Enhanced Capture
#include " DSP2833x_DMA. h"              // DMA Registers
#include " DSP2833x_EPwm. h"             // Enhanced PWM
#include " DSP2833x_EQep. h"             // Enhanced QEP
#include " DSP2833x_Gpio. h"             // General Purpose I/O Registers
#include " DSP2833x_I2c. h"              // I2C Registers
#include " DSP2833x_McBSP. h"            // McBSP
#include " DSP2833x_PieCtrl. h"          // PIE Control Registers
#include " DSP2833x_PieVect. h"          // PIE Vector Table
#include " DSP2833x_Spi. h"              // SPI Registers
#include " DSP2833x_Sci. h"              // SCI Registers
#include " DSP2833x_SysCtrl. h"          // System Control/Power Modes
#include " DSP2833x_XIntrupt. h"         // External Interrupts
#include " DSP2833x_Xintf. h"            // XINTF External Interface
//#include " DSP2833x_DefaultIsr. h"     //Default Interrupt Service Routines Definitions
```

对常量的定义有

```
#define M_INT1    0x0001
```

```
#define M_INT2    0x0002
#define M_INT3    0x0004
#define M_INT4    0x0008
………
#define BIT0      0x0001
#define BIT1      0x0002
#define BIT2      0x0004
#define BIT3      0x0008
………
#define BIT15     0x8000
```

为了增加可移植性，头文件还重新定义了 16 位和 32 位有符号或者无符号整数的基本类型，例如

```
#ifndef DSP28_DATA_TYPES
#define DSP28_DATA_TYPES
typedef    int              int16;
typedef    long             int32;
typedef    unsigned int     Uint16;
typedef    unsigned long    Uint32;
typedef    float            float32;
typedef    long double      float64;
#endif
```

除此之外，还定义了中断标志寄存器和中断使能寄存器，以及一些汇编指令在 C 语言中的重新定义，例如

```
extern cregister volatile unsigned int IFR;
extern cregister volatile unsigned int IER;
#define   EINT    asm("clrc INTM")
#define   DINT    asm("setc INTM")
#define   ERTM    asm("clrc DBGM")
#define   DRTM    asm("setc DBGM")
#define   EALLOW  asm("EALLOW")
#define   EDIS    asm("EDIS")
#define   ESTOP0  asm("ESTOP0")
```

2. 外部设备头文件

由于在 DSP283x_Device. h 头文件中已经包括了所有外设头文件，所以在主程序中不需要预定义外设头文件，但是在程序运行时，外设头文件也必须加载。在外设头文件中对外设寄存器进行了定义，使得程序既可以对整个寄存器进行读写操作，也可以对其中的每一位进行操作。以下是 CPU 定时器控制寄存器 TCR 的位域定义。

```
//TCR：Control register bit definitions：
struct TCR_BITS {            //bits description
Uint16 rsvd1：4;
Uint16 TSS：1;
Uint16 TRB：1;
```

汇编程序：

```
. global   _sine          ;声明为全局变量
. sect    "sine_tab"        ;建立一个独立的段
_sine:                    ;常数表起始地址
. float        0. 0
. float        0. 015987
. float        0. 022145
```

C 程序：

```
extern float sine[ ];          //声明为外部变量
float    * sine_p[4] = sine;      //声明一个指针指向该变量
f = sine_p[4];              //作为普通数组访问 sine 数组
```

2. 1. 5　关键字

TMS320F2833x 的 C/C + + 编译器除了支持标准的 const、volatile 关键字外，还支持 cregister、interrupt 等关键字。

1. 关键字 const

C/C + + 编译器支持 ANSI/ISO 标准的关键字 const，通过该关键字可以优化和控制存储空间的分配。const 关键字用来表明变量或数组的值是不变的。例如

```
int   * const p = &x   ;定义了指向 int 型变量的常量指针 p
const int * q = &x     ;定义了一个指向 int 型常量的指针 q
const int digits [ ] = {0,1,2,3,4,5,6,7,8,9};将常量表分配到 TMS320F2833x 的 flash 中。
```

2. 关键字 volatile

编译用户程序时优化器会分析数据流，尽可能避免对存储器的直接读/写操作。因此，对存储器或外设寄存器进行访问时，需要使用 volatile 关键字，来说明所定义的变量可以被 DSP 系统中的其他硬件修改，而不是只能被 C 语言本身修改。用 volatile 关键字的变量被分配到未初始化块，编译器不会在优化时修改引用 volatile 变量的语句。例如以下语句循环地对一个外设寄存器的地址进行读写操作，直到读出的值等于 0xFF。

```
unsigned int   * ctrl;
while( * ctrl ! = 0xFF);
```

* ctrl 指针所指向的地址内容在循环过程中不会发生变化，该循环语句会被编译器优化，对存储器执行一次读操作。如果定义 * ctrl 指针为 volatile 类型变量，即

```
volatile  unsigned int   * ctrl;
```

则 * ctr 指针指向一个硬件地址，比如 PIE 中断标志寄存器，该地址单元的内容可以被其他硬件修改。

3. 关键字 cregister

cregister 关键字允许采用高级语言直接访问控制寄存器。在 TMS320F2833x 的 C 语言中，cregister 仅限于中断使能寄存器 IER 和中断标志寄存器 IFR，程序中应有如下声明。

```
external   cregister  volatile   unsigned int   IER;
external   cregister  volatile   unsigned int   IFR;
```

可以用运算符 | （位或）和 & （位与）进行操作，例如

```
IER = 0x100;
IER | = 0x100;
IFR | = 0x0004;
IFR & = 0x0800;
```

4. 关键字 interrupt

interrupt 关键字用来声明一个函数是中断服务程序。CPU 响应中断服务程序时需要遵守特定的规则，如函数调用前依次对相关寄存器进行入栈保护，返回时恢复寄存器的值。当一个函数采用 interrupt 声明后，编译器会自动为中断函数产生保护现场和恢复现场所需执行的操作。对于采用 interrupt 声明的函数，其返回值应定义为 void 类型，且无参数调用。在中断函数内可以定义局部变量，并可以自由使用堆栈和全局变量，例如：

```
interrupt void int_handler( )
{
unsigned int flags;
…
}
```

有一个特殊的名为 c_int00 的中断程序（汇编语言中名称为_c_int00），用于 DSP 复位中断的处理。它完成系统初始化并调用主函数 main ()，是用户 C 程序的入口。

2.2 DSP 链接器命令 CMD 文件

TMS320F2833x 片上 Flash 和 SARAM 存储器在逻辑上既可以映射到程序空间，也可以映射到数据空间。到底映射到哪个空间，这要由 CMD 文件来指定。

CCS 生成的可执行文件（.out）格式采用 COFF 格式，这种格式的突出优点是便于模块化编程，程序员能够自由地决定把由源程序文件生成的不同代码及数据定位到哪种物理存储器及地址空间指定段。

2.2.1 CMD 文件概念

CMD 的专业名称叫链接器配置文件，是存放链接器的配置信息的，我们简称为命令文件。从其名称可以看出，该文件的作用是指明如何链接程序的。在编写 TI DSP 程序时，是可以将程序分为很多段，比如 text、bss 等，各段的作用均不相同。实际在片中运行时，所处的位置也不相同。比如 text 代码一般应该放在 Flash 内，而 bss 的变量应该放在 RAM 内等。但是对于不同的芯片，其各存储器的起止地址都是不一样的，而且用户希望将某一段，尤其是自定义段，放在什么存储器的什么位置，这也是链接器不知道的。为了告诉链接器，即将使用的芯片其内部存储空间的分配和程序各段的具体存放位置，这就需要编写一个配置文件，即 CMD 文件了。

所以，CMD 文件里面最重要的就是两段，即由 MEMORY 和 SECTIONS 两个伪指令指定的两段配置。简单地说，MEMORY 指令就是用来建立目标存储器的模型，而 SECTIONS 指令就是根据这个模型来安排各个段的位置。

2.2.2 MEMORY 伪指令

MEMORY 伪指令用来表示实际存在目标系统中的可以使用的存储器范围，在这里每个这种方式的优点是计算速度高，但缺点也不容忽视：计算结果很可能不够精确。实际计算结果应为 $-3/16$，但计算机存储结果为 $-1/4$，bit4 ~ bit6 被截断。

```
        0.1 0 0          1/2
      × 1.1 0 1        × -3/8
     ─────────────    ────────
    0 0 0 0 0 1 0 0
    0 0 0 0 0 0 0
    0 0 0 1 0 0
  + 1 1 1 0 0
  ─────────────        ────────
    1 1 1 1 0 1 0 0      -3/16
ACC  1 1.1 1 0 1 0 0
Memory 1.1 1 0          -1/4
```

图 2-6　$1/2 \times (-3/8)$

2.3.3　IQ 数据格式

IQ 格式与浮点格式有相似的地方，但若把一个 Uint16 型数据赋给 IQ15 型，再转换回整型时，数值已经改变了。而先将 Uint16 型数据赋给 float 型，再使用语句 temp = _IQ（float32）（浮点型转换为 IQ15 格式），转换回的整型数据和原始数据相同。

float 型的固定长度为 4B（32bit 器件）。int 型是简单地按照 "0" "1" 进行存储的，而 float 是把 4 个字节划分为 "符号位" "指数位" "尾数位"（比如 1.123123×10^{32}）。因为有指数位的存在，所以存储范围比 int 型大很多，但是这 3 个部分具有范围限制：单精度浮点型的有效数字长度为 7 位，数字 $2.1234567891 \times 10^{14}$ 赋给 float 型后变为 2.1234567×10^{14}，该数字的无效范围为 21345670000000 ~ 2134567999999999，可见其精确度不高。

IQMath 是不是可以按照相似的方法理解呢？答案是肯定的。IQMath 的 IQ 型分成了两个部分，整数位（包括符号位）和小数位。每个 IQ 都是 long 型，通过不同的位数定标（其实就是定小数点的位置）来实现不同精度的小数和取值范围。例如，IQ15 就是用低 15 位来表示小数位，高 16 位来表示整数位。按照这个思路，把一个 Uint16 型直接赋给 IQ15 型也是很容易的，只要赋值后将 IQ 值向左移 15 位就可以。图 2-7 所示为小数的表达方式。

```
31                                                      0
┌─────────────────────────────────────────────────────┐
│ S  I I I I I I I I . f f f f f f f f f f f f f f f f f f f f f f │
└─────────────────────────────────────────────────────┘
```

图 2-7　小数表达方式

2.4　浮点运算的定点编程

TMS320F2833x 处理器进行浮点运算最快捷的方法是直接使用浮点类型（定义 float 来完成）。但这样会使编译器产生大量代码来完成一段看似十分简单的浮点运算，不可避免地大量占用系统资源。定点处理器中如何对浮点运算进行高效处理变成十分重要的问题。

2.4.1　定点—浮点数据的转换

1. 浮点数转定点数

实现定点数和浮点数之间的转换，只需规定浮点数的整数位和小数位。以 32 位定点数为例，设转换因子为 Q（即小数位数为 Q），整数位数为 31 - Q（有符号数的情况），则定点数与浮点数的换算关系为定点数 = 浮点数 $\times 2^Q$。

例如，浮点数 -2.0 转换到定点数（Q = 30）：$-2 \times 2^{30} = -2147483648$。

2. 定点数转浮点数

32 位有符号数的范围是 -2147483648 ~ 2147483647。将 2147483647 转换为浮点数为

$2147483647/2^{30}$，即 1. 999999999。

这表明 Q30 格式下，所能表示的最大浮点数为 1. 999999999（并不等于 2），存在 $1E-9$ 的误差。

表 2-3 所示为 Q0 ~ Q30 对应的数据范围和分辨率。可借助 MATLAB 求取它们之间的转换，即在命令窗口中输入：

$$q = quantizer('fixed', 'ceil', 'saturate', [32\ 30]);$$
$$FixedNum = bin2dec(num2bin(q, 1.999999999));$$

表 2-3　Q0 ~ Q30 对应的数据范围和分辨率

数据类型	范围		精度
	最小值	最大值	
iq30	−2	1. 999 999 999	0. 000 000 001
iq29	−4	3. 999 999 998	0. 000 000 002
iq28	−8	7. 999 999 996	0. 000 000 004
iq27	−16	15. 999 999 993	0. 000 000 007
iq26	−32	31. 999 999 985	0. 000 000 015
iq25	−64	63. 999 999 970	0. 000 000 030
iq24	−128	127. 999 999 940	0. 000 000 060
iq23	−256	255. 999 999 981	0. 000 000 119
iq22	−512	511. 999 999 762	0. 000 000 238
iq21	−1024	1023. 999 999 046	0. 000 000 447
…	…	…	…
iq7	−16 777 216	16 777 215. 992 187 500	0. 007 812 500
iq6	−33 554 432	33 554 431. 984 375 000	0. 015 625 000
iq5	−67 108 864	67 108 863. 968 750 000	0. 031 250 000
iq4	−134 217 728	134 217 727. 937 500 000	0. 062 500 000
iq3	−268 435 456	268 435 455. 875 000 000	0. 125 000 000
iq2	−536 870 912	536 870 911. 750 000 000	0. 250 000 000
iq1	−1 073 741 824	1 073 741 823. 500 000 000	0. 500 000 000

例如，将 5. 0 转换成 Q 格式，只能从 iq1 ~ iq28 当中进行选择，而不能转换为 iq29 和 iq30。因为 iq29 能转换的最大值为 3. 999999998，所以进行 Q 格式定标时要对数的范围做一下估计，也正是因为这个原因，诸如 IQNsin、IQNcos、IQNatan2、IQNatan2PU、IQatan 的三角函数不能采用 Q30 格式。

2. 4. 2　IQMath 库的使用

BootROM 中内置了强大的数学表来帮助我们完成转换工作，只要按照一定的格式进行书写，编译器就会自动调用相关的库函数完成。TI 公司所提供的 IQMath 库是由高度优化的高精度数学函数组成的集合，能够帮助 C/C++ 编程人员将浮点算法无缝地连接到 TMS320F2833x 器件中，通过使用现成的 IQMath 库来完成这些烦琐的工作。

1. IQMath 数据类型

IQMath 函数的输入/输出是典型的 32 位定点数据且定点数的 Q 格式可以在 Q1 和 Q30 之间变化。我们使用 typedef 来定义这些 IQ 数据类型。

2. IQMath 函数的调用

（1）在工程中引用库文件

1）C 语言编程时：包含头文件 IQMathLib. h。

2）C＋＋语言编程时：包含头文件 IQMathLib. h 和 IQMathCPP. h。

```
exten" C" {
#include "IQMathLib. h"
}
```

（2）主程序中引用相关的头文件

```
#include < IQMathLib. h >
#define PI 3. 14159
iq input, sin_out;
void main( void)
{
    //0. 25 × PI radians represented in Q29 format
    input = _IQ29(0. 25 * PI) ;
    sin_out = _IQ29sin( input) ;
}
```

1）C 语言编程时：

```
extem " C" {
#include " IQMathLib. h"
}
#include " IQMathCPP. h"
#define PI 3. 14159

iq input, sin_out;
void main( void)
{
    //0. 25 × PI radians represented in Q29 format
    input = IQ29(0. 25 * PI) ;
    sin_out = IQ29sin( input) ;
}
```

2）C＋＋语言编程时：

```
extem " C" {
#include " IQMathLib. h"
}
#include " IQMathCPP. h"
#define PI 3. 14159

iq input, sin_out;
```

```
void main( void)
{
    //0. 25 × PI radians represented in Q29 format
    input = IQ29(0. 25 * PI);
    sin_out = IQ29sin( input);
}
```

（3） CMD 文件中指明 IQMath 数学表的位置

```
MEMORY
{
    PAGE 0:
        PRAML0( RW)            ;origin = 0x008000, length = 0x001000
    PAGE 1:
        IQTABLES( R)           ;origin = 0x3FE000, length = 0x000b50
        IQTABLES2( R)          ;origin = 0x3FEB50, length = 0x00008c
        DRAML1( RW)            ;origin = 0x009000, length = 0x001000
}
SECTIONS
{
    IQMathTables:load = IQTABLES, type = NOLOAD, PAGE = 1
    IQMathTables2 > IQTABLES2, type = NOLOAD, PAGE = 1
    {
        IQMath. lib < IQNexpTable. obj > ( IQMathTablesRam)
    }
    IQMathTablesRam:load = DRAML1, PAGE = 1
    IQMath:load = PRAML0, PAGE = 0
}
```

2.5　集成开发环境 CCS

　　CCS 是 TI 公司推出的用于开发 DSP 芯片的集成开发环境。在 Windows 操作系统下，采用图形接口界面，提供环境配置、源程序编辑、程序调试、跟踪和分析等工具，使用户在一个软件环境下完成编辑、编译、链接、调试和数据分析等工作，能够加快开发进程，提高工作效率。

2.5.1　CCS 概述

　　CCS 有两种工作模式：软件仿真和硬件在线编程。软件仿真模式可以脱离 DSP 芯片，在计算机上模拟 DSP 芯片的指令集和工作机制，主要用于前期算法实现和调试；硬件在线编程可以实时运行在 DSP 芯片上，与硬件开发板结合进行在线编程和应用程序调试。CCS 有不同的版本，目前最新的版本为 CCSv9，不同版本和不同型号之间差异不是很大，一种型号的 CCS 只适用于一种系列的 DSP 芯片，用户需要在 CCS 配置程序中设定 DSP 芯片的类型和开发平台的类型。

CCS 的开发系统主要由以下组件构成：

1）代码产生工具。用来对 C 语言、汇编语言或混合语言编程的 DSP 源程序进行编译汇编，并链接成为可执行的 DSP 程序。主要包括汇编器、链接器、C/C++ 编译器和建库工具等。

2）CCS 集成开发环境。集编辑、编译、链接、软件仿真、硬件调试和实时跟踪等功能于一体。包括编辑工具、工程管理工具和调试工具等。

3）DSP/BIOS 实时内核插件及其应用程序接口。主要为实时信号处理应用而设计。包括 DSP/BIOS 的配置工具、实时分析工具等。

4）实时数据交换的 RTDX 插件及其应用程序接口。可对目标系统数据进行实时监视，实现 DSP 与其他应用程序的数据交换。

5）应用模块插件由 TI 公司以外的第三方提供的各种应用模块插件。

CCS 的功能十分强大，它集成了代码的编辑、编译、链接和调试等诸多功能，而且支持 C/C++ 和汇编的混合编程，其主要功能如下：

1）具有集成可视化代码编辑界面，用户可通过其界面直接编写 C、汇编、.cmd 文件等。

2）含有集成代码生成工具，包括汇编器、优化 C 编译器、链接器等，将代码的编辑编译、链接和调试等诸多功能集成到一个软件环境中。

3）高性能编辑器支持汇编文件的动态语法加亮显示，使用户很容易阅读代码，发现语法错误。

4）工程项目管理工具可对用户程序实行项目管理，在生成目标程序和程序库的过程中，建立不同程序的跟踪信息，通过跟踪信息对不同的程序进行分类管理。

5）基本调试工具具有装入执行代码、查看寄存器、存储器、反汇编、变量窗口等功能，并支持 C 源代码级调试。

6）断点工具能在调试程序的过程中，完成硬件断点、软件断点和条件断点的设置。

7）探测点工具可用于算法的仿真、数据的实时监视等。

8）分析工具包括模拟器和仿真器分析，可用于模拟和监视硬件的功能、评价代码执行的时钟。

9）数据的图形显示工具可以将运算结果用图形显示，包括显示时域/频域波形、眼图、星座图、图像等，并能进行自动刷新。

10）提供 GEL 工具。利用 GEL 扩展语言，用户可以编写自己的控制面板/菜单，设置 GEL 菜单选项，方便直观地修改变量、配置参数等。

11）支持多 DSP 的调试。

12）支持 RTDX 技术，可在不中断目标系统运行的情况下，实现 DSP 与其他应用程序的数据交换。

13）提供 DSP/BIOS 工具，增强对代码的实时分析能力。

2.5.2　新建 CCS 工程

1. 下载 controlSUITE 并安装

官网下载地址：http：//processors. wiki. ti. com/index. php/Download_CCS，根据 DSP 的

型号选择合适的版本下载完成后，安装即可。

2. 打开 CCS 建立工程

操作步骤：在 CCS_edit 界面，在菜单栏选择 Project→New CCS Project→按照图 2-8 填写→Finish，建立一个新的工程。

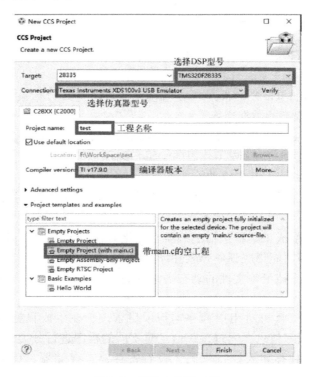

图 2-8　CCS 中新建工程

3. 复制底层文件到工程

1）将 controlSUITE \ device _ support \ f2833x \ v142 中的 "DSP2833x _ common" 和 "DSP2833x_headers" 两个文件夹复制到新建的工程。

2）将 controlSUITE \ libs \ math 中的 "FPUfastRTS" 和 "IQmath" 两个文件夹复制到新建工程，如图 2-9 所示。

4. 文件的删除/禁用

1）删除 28335_RAM_lnk. cmd。

2）DSP2833x_common 的配置。

① 展开 DSP2833x_common，如图 2-10 所示。

② 展开 cmd。

a）只保留 DSP2833x_common \ cmd 下的 28335_RAM_lnk. cmd 和 F28335. cmd 文件。注意：28335_RAM_lnk. cmd 是烧录到 RAM，F28335. cmd 烧录到 Flash。

b）屏蔽 F28335. cmd：右键单击 F28335. cmd，选择 Resouce Configurations→Exclude from Build→Select All→OK。

③ 展开 gel \ ccsv4，只保留 f28335. gel 文件。

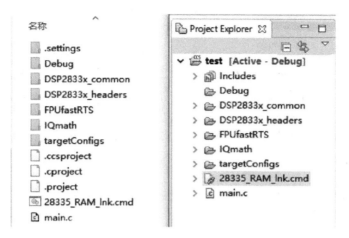

图 2-9　复制 controlSUITE 中的底层文件到工程

④ 展开 source，屏蔽 DSP2833x_SWPrioritizedDefaultIsr. c 和 DSP2833x_SWPrioritized-PieVect. c。

3）DSP2833x_headers 的配置，如图 2-11 所示。

图 2-10　文件的删除/禁用　　　　　图 2-11　DSP2833x_headers 的配置

① 展开 DSP2833x_headers。

② 展开 cmd，屏蔽 DSP2833x_Headers_BIOS. cmd。

4）FPUfastRTS 的配置，如图 2-12 所示。

① 展开 FPUfastRTS\V100。

② 只保留 "include" "lib" 和 "source" 三个文件夹。

5）IQmath 的配置，如图 2-13 所示。

图 2-12　FPUfastRTS 的配置 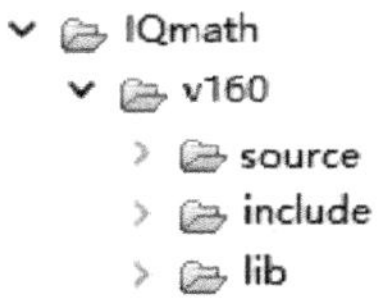　　　　　　图 2-13　IQmath 的配置

① 展开 IQMath，只保留 v160 文件夹。

② 展开 v160，只保留"include""lib"和"source"三个文件夹。

6）在 test 工程下，新建一个文件夹，命名为 APPS，用来存放我们自己写的程序，如图 2-14 所示。

鼠标放置 test 处然后单击右键，在弹出的对话框中依次单击 New→Floder，在 Floder name 处填写 APPS。

至此，各个文件夹配置完成了。

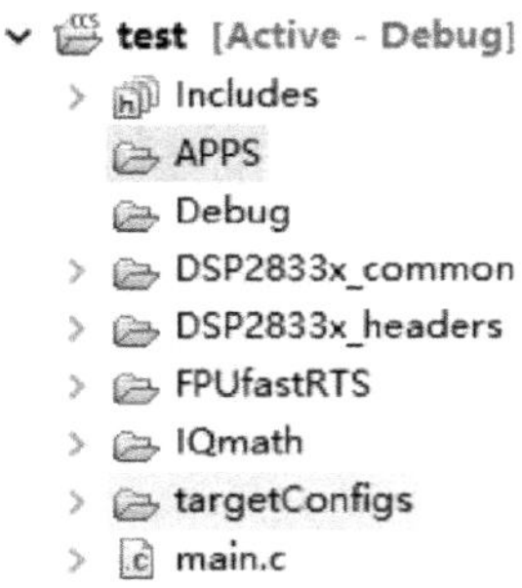

5. 索引配置：右键单击 test，选择 properties

1）Build→C2000 Compiler→Include Options→Add dir to #include search path，如图 2-15 所示。

图 2-14　在工程中如何
添加文件夹

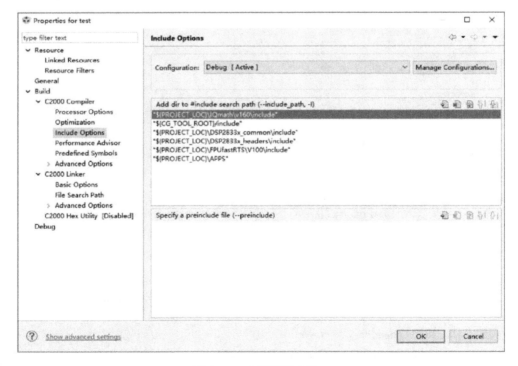

图 2-15　索引配置步骤 1

添加：

"$｛PROJECT_LOC｝\DSP2833x_common\include"

"$\{PROJECT_LOC\}\DSP2833x_headers\include"

"$\{PROJECT_LOC\}\FPUfastRTS\V100\include"

"$\{PROJECT_LOC\}\IQmath\v160\include"

"$\{PROJECT_LOC\}\APPS"

2) Build→C2000 Linker→File Search Path。

① Add dir to library search path 添加：

"$\{PROJECT_LOC\}\IQmath\v160\lib"

"$\{PROJECT_LOC\}\FPUfastRTS\V100\lib"

② Include library file or command file as input 添加：

"$\{PROJECT_LOC\}\FPUfastRTS\V100\lib\rts2800_fpu32_fast_supplement. lib"

"$\{PROJECT_LOC\}\FPUfastRTS\V100\lib\rts2800_fpu32. lib"

"$\{PROJECT_LOC\}\IQmath\v160\lib\IQmath_fpu32. lib"

勾选如图 2-16 所示界面中的两个复选框。

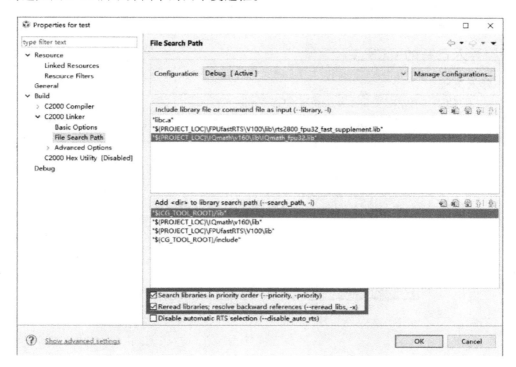

图 2-16　索引配置步骤 2

6. 完善工程

main. c 添加下面代码：

```
#include "DSP2833x_Device. h"
#include "DSP2833x_Examples. h"
void main( void)
{
    /* 系统初始化 */
    InitSysCtrl( );
```

```
DINT;
InitPieCtrl();
IER = 0x0000;
IFR = 0x0000;
InitPieVectTable();
//在此添加初始化代码
while(1)
{
    //在此添加主程序
}
}
```

7. 将代码烧写到 Flash 中

屏蔽 28335_RAM_lnk. cmd，而不是 F28335. cmd，在 main 函数中添加下面代码：

```
MemCopy(&RamfuncsLoadStart,&RamfuncsLoadEnd,&RamfuncsRunStart);
InitFlash();
```

2.5.3　导入已有的 CCS 工程

1. 导入工程

1）打开 CCS，单击 Project→Import CCS Project。

2）在弹出的窗口单击 Browser，选择工程所在路径，勾选目标工程，单击 Finish，如图 2-17 所示。注意：路径中不能含有中文。

图 2-17　导入工程配置

第 3 章　TMS320F2833x 硬件结构

　　TMS320F2833x（简称 F2833x）由 C2000 系列 DSP 发展而来，是 Delfino 系列中的一员，它是 TI 公司推出的一款 TMS320C28x 系列浮点数型数字信号处理器。它在已有的 DSP 平台上增加了浮点运算内核，在保持了原有 DSP 芯片优点的同时，能够执行复杂的浮点运算，可以节省代码执行时间和存储空间，具有精度高、成本低、功耗小、外设集成度、数据及程序存储量大和 A/D 转换更精确快速等优点，为嵌入式工业应用提供更加优秀的性能和更加简单的软件设计。不仅具有强大的数字信号处理功能，又集成了大量的外设供控制使用，并且具有 MCU 的功能，兼有 RISC 处理器的代码密度和 DSP 的执行速度。

　　TMS320F2833x 包括 3 款芯片：TMS320F28335、TMS320F28334、TMS320F28332，它们是针对要求严格的控制应用的高程度、高性能解决方案。在本书中，这 3 款芯片分别缩写为 F28335、F28334、F28332。

3.1　系统与总线结构

3.1.1　CPU

　　F2833x（C28x + FPU）/F2823x（C28x）系列都属于 TMS320C2000™ 数字信号控制器（DSC）平台。基于 C28x + FPU 的控制器和 TI 现有的 C28xDSC 具有相同的 32 位定点架构，但是还包括一个单精度（32 位）的 IEEE754 浮点单元（FPU）。这是一个非常高效的 C/C++ 引擎，它能使用户用高层次的语言开发他们的系统控制软件。这也使得能够使用 C/C++ 开发算术算法。此器件在处理 DSP 算术任务时与处理系统控制任务时同样有效，而系统控制任务通常由微控制器器件处理。这样的效率在很多系统中省却了对第二个处理器的需要。32×32 位 MAC 的 64 位处理能力使得控制器能够有效地处理更高的数字分辨率问题。添加了带有关键寄存器自动环境保存的快速中断响应，使得一个器件能够用最小的延迟处理很多异步事件。此器件有一个具有流水线式存储器访问的 8 级深的受保护管道。这个流水线式操作使得此器件能够在高速执行而无须求助于昂贵的高速存储器。特别分支超前硬件大大减少了条件不连续而带来的延迟，特别存储条件操作进一步提升了性能。

3.1.2　总线

　　F2833x 的总线有内存总线和外设总线两种。与很多 DSC 类型器件一样，在内存和外设以及 CPU 之间使用多总线来移动数据。C28x 内存总线架构包含一个程序读取总线、数据读取总线和数据写入总线。此程序读取总线由 22 条地址线路和 32 条数据线路组成。数据读取和写入总线由 32 条地址线路和 32 条数据线路组成。32 位宽数据总线可实现单周期 32 位运行。多总线结构，通常称为哈佛总线，使得 C28x 能够在一个单周期内取一个指令、读取一个数据值和写入一个数据值。所有连接在内存总线上的外设和内存对内存访问进行优先级设定。内存总线的访问优先级按照最高到最低依次是：数据写入、程序写入、数据读取、程序读取指令。

　　为了实现不同 TI 公司不同 DSC 系列器件间的外设迁移，2833x/2823x 器件采用一个针对外设互连的外设总线标准。外设总线桥复用了多种总线，此总线将处理器内存总线组装进一个由 16 条地址线路和 16 条或者 32 条数据线路和相关控制信号组成的单总线中。支持外设总线的三个版本：一个版本只支持 16 位访问（被称为外设帧 2），另一个版本支持 16 位和 32 位访问（被称为外设帧 1），第三版本支持 DMA 访问和 16 位以及 32 位访问（被称为外设帧 3）。图 3-1 为 C28x + FPU 总线结构框图。

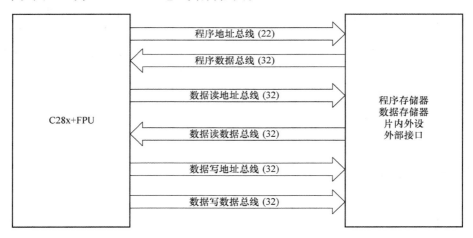

图 3-1　C28x + FPU 总线结构框图

3.2　中央处理单元

　　F2833x 具有强大的数字信号处理（DSP）能力，又具有微控制器（MCU）的功能。在其诞生之前，执行复杂控制算法的常见方法是 VC33 DSP 负责运算，LF2407A 或者 F2812 等定点 DSP 负责控制，现在用一片 F2833x 来实现还绰绰有余。F2833x 存在 32 × 32 位硬件乘法器和 64 位处理能力的功能，使 F2833x 可有效处理更复杂的数值解析问题。

3.2.1　算数逻辑运算单元

　　F2833x 中央处理器单元包含 32 位的算数逻辑运算单元（ALU），它的基本功能是完成算术运算和逻辑操作。这些包括：32 位加法运算；32 位减法运算；布尔逻辑操作；位操作（位测试、移位和循环移位）。

　　ALU 的输入输出：一个操作数来自 ACC 输出，另一个操作数由指令选择，可来自输入移位器、乘积移位器或直接来自乘法器。ALU 的输出直接送到 ACC，然后可以重新作为输入或经过输出移位器送到数据存储器。

3.2.2　乘法器

　　乘法器是 DSP 芯片中关键组成部分。乘法器可执行 32 × 32 位或 16 × 16 位乘法，以及双

16×16 位乘法。完成 32×32 位二进制补码的乘法运算，结果为 64 位，无符号或带符号数。

3.2.3 累加器

累加器是 32 位，用于存储 ALU 结果，它不但可分为 AH（高 16 位）和 AL（低 16 位），还可进一步分成 4 个 8 位的单元（AH. MSB、AH. LSB、AL. MSB 和 AL. LSB）；在 ACC 中可完成移位和循环移位的位操作，以实现数据的定标及逻辑位的测试。

3.2.4 移位器

移位器能够快速完成移位操作。F2833x 的移位操作主要用于数据的对齐和缩放，以避免发生上溢和下溢；还用于定点数与浮点数间的转换。DSP 中的移位器要求在一个周期内完成数据移动指定的位数。

3.2.5 CPU 寄存器

1. 与运算器相关的寄存器

1）被乘数寄存器 XT（32 位）：XT 可以分成两个 16 位的寄存器 TH 和 TL。

2）乘积寄存器 P（32 位）：P 可以分成两个 16 位的寄存器 PH 和 PL。

3）累加器 ACC（32 位）：存放大部分算数逻辑运算的结果，以 32 位、16 位及 8 位的方式访问，对累加器的操作影响状态寄存器 ST0 的相关状态位。

2. 辅助寄存器

辅助寄存器 XAR0 ~ XRA7（8 个，32 位），常用于间接寻址。

3. 与中断相关的寄存器

包括中断允许寄存器 IER、中断标志寄存器 IFR 和调试中断允许寄存器 DBGIER，它们的定义及功能在初始化单元的中断相关章节叙述。

4. 状态寄存器

ST0 和 ST1，它们控制 DSP 的工作模式并反映 DSP 的运行状态。状态寄存器 ST0、ST1 各位的含义分别见表 3-1 和表 3-2。

表 3-1 状态寄存器 ST0 各位的含义

符号	含义
OVC/OVCU	**溢出计数器**。有符号运算时为 OVC（−32 ~ 31），若 OVM 为 0，则每次正向溢出时加 1，负向溢出减 1（但是，如果 OVM 为 1，则 OVC 不受影响，此时 ACC 被填为正或负的饱和值）；无符号运算时为 OVCU，有进位时 OVCU 增量，有借位时 OVCU 减量
PM	**乘积移位方式**。000，左移 1 位，低位填 0；001，不移位；010，右移 1 位，低位丢弃，符号扩展；011，右移 2 位，低位丢弃，符号扩展；…；111，右移 6 位，低位丢弃，符号扩展。应特别注意，此 3 位与 SPM 指令参数的特殊关系
V	**溢出标志**。1，运算结果发生了溢出；0，运算结果未发生溢出
N	**负数标志**。1，运算结果为负数；0，运算结果为非负数
Z	**零标志位**。1，运算结果为 0；0，运算结果为非 0
C	**进位标志**。1，运算结果有进位/借位；0，运算结果无进位/借位

（续）

符号	含　义
TC	**测试/控制标志**。反映由 TBIT 或 NORM 指令执行的结果
OVM	**溢出模式**。ACC 中加减运算结果有溢出时，为 1，进行饱和处理；0，不进行饱和处理
SXM	**符号扩展模式**。32 位累加器进行 16 位操作时，为 1，进行符号扩展；0，不进行符号扩展

表 3-2　状态寄存器 ST1 各位的含义

符号	含　义
ARP	**辅助寄存器指针**。000，选择 XAR0；001，选择 XAR1；…；111，选择 XAR7
XF	**XF 状态**。1，XF 输出高电平；0，XF 输出低电平
M0M1MAP	**M0 和 M1 映射模式**。对于 C28x 器件，该位应为 1（0，仅用于 TI 内部测试）
OBJMODE	**目标兼容模式**。对于 C28x 器件，该位应为 1（注意，复位后为 0，需用指令置 1）
AMOD	**寻址模式**。对于 C28x 器件，该位应为 0（1，对应于 C27xLP 器件）
IDLESTAT	**IDLE 指令状态**。1，IDLE 指令正执行；0，IDLE 指令执行结束
EALLOW	**寄存器访问使能**。1，允许访问被保护的寄存器；0，禁止访问被保护的寄存器
LOOP	**循环指令状态**。1，循环指令正进行；0，循环指令完成
SPA	**堆栈指针偶地址对齐**。1，堆栈指针已对齐偶地址；0，堆栈指针未对齐偶地址
VMAP	**向量映射**。1，向量映射到 0x3F FFC0 ~ 0x3F FFFF；0，向量映射到 0x00 0000 ~ 0x00 003F
PAGE0	**PAGE0 寻址模式**。对于 C28x 器件，该位设为 0（1，对应于 C27x 器件）
DBGM	**调试使能屏蔽**。1，调试使能禁止；0，调试使能允许
INTM	**全局中断屏蔽**。1，禁止全局可屏蔽中断；0，使能全局可屏蔽中断

5. 指针类寄存器

1）程序计数器 PC（22 位）用来存放 CPU 正在操作指令的地址，复位值为 0x3F FFC0。

2）返回 PC 指针寄存器 RPC（22 位）用于加速调用返回过程。

3）数据页指针 DP（16 位）用于存放数据存储器的页号（每页 64 个地址），用于直接寻址。

4）堆栈指针 SP（16 位），其生长方向为从低地址到高地址，复位值为 0400H。进行 32 位数读写，并约定偶地址访问（例：SP 为 0083H，32 位读从 0082H 开始）。

6. 与浮点运算相关的寄存器

1）浮点结果寄存器 8 个：R0H ~ R7H。

2）浮点状态寄存器 STF。

3）重复块寄存器 RB。

F2833x 的 CPU 寄存器分布如图 3-2 所示。

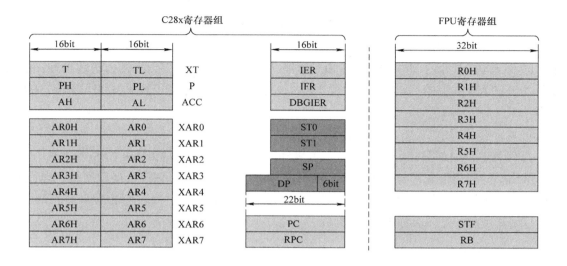

图 3-2　F2833x 的 CPU 寄存器

3.3　存储器与存储映射

3.3.1　存储器

TMS320F2833x 的存储器空间分成了程序存储与数据存储，其中一些存储器既可以用于存储程序，也可以用于存储数据。一般而言，F2833x 的存储器一般可以划分成如下几个部分：

1. 单周期访问 RAM

单周期访问 RAM 包含 M0、M1，L0 ~ L7 存储单元，这些存储单元既可以映射为数据存储器，也可以映射为程序存储器。其中，L0 ~ L3 单元具有代码安全保护功能，L4 ~ L7 可以实现 DMA 访问。

2. Flash 存储器

片内 Flash 存储器统一映射到程序和数据存储器空间，它具有以下特征：①多区段划分；②代码安全保护功能；③低功耗模式；④配置等待状态（为在特定的执行速度下获得最好的性能，可根据 CPU 的工作频率调整等待状态的数量）；⑤增强功能（采用流水线模式提高线性代码执行效率）。

3. OTP 存储器

OTP（One Time Programmable）存储器统一映射到程序和数据存储器空间，这样 OTP 存储器可以用来存放数据或代码，与 Flash 存储器不同的是它只能写入一次，不能被再次擦除。一般适合工程批量烧写，普通开发应用者很少用到这部分功能。

4. Boot ROM

Boot ROM 中装载了芯片出厂时的引导程序。当芯片上电复位时，引导模式信号提供给 boot – loader 软件使用某种引导模式。用户可以选择通常的引导模式或从外部连接下载新程序，也可以选择从片内 Flash/ROM 中引导程序。同时 Boot ROM 中也包含一些常用的标准表数据，如数学算法中的 sin/cos 函数表、IQMath 库等，使用这些表能缩短相关算法的执行时间。

5. 片外存储

当 DSP 芯片内部存储资源不够时，可以外扩 Flash 和 RAM，相关独立的 Flash/RAM 产品可供选择的种类很多，与 DSP 的连接方式也很灵活，可以采用直接连接数据线、地址线，也可以采用逻辑芯片辅助完成片选等操作。在选取相应芯片时，要注意相应的读写时间参数，这将影响整个系统算法的运行时间。

3.3.2 存储映射

F2833x 的 CPU 本身不包含专门的大容量存储器，但是 DSP 内部本身集成了片内的存储器，CPU 可以读取片内集成与片外扩展的存储。F2833x 使用 32 位数据地址线及 22 位程序地址线，从而寻址 4G 字的数据存储器与 4M 字的程序存储器。F2833x 的存储器模块都是统一映射到程序和数据空间的，图 3-3 所示就是 F28335 的内存映射。其中，M0、M1、L0 ~ L7 为用户可以直接使用的 SARAM，可以将定义的数据、变量、常量等存在其地址范围内。地址 0x004000 ~ 0x005000 针对 XINTF 区域这样的空间，是专门映射到某一区域的，这一点类似于 PC 中的外设占用地址。保留空间是为今后推出的有着更高性能、更大容量的 DSP 使用的可用存储器空间，不能对它们进行操作。此外，还有一些空间是被密码保护的，包括 L0、L1、L2、L3、OTP Flash、ADC CAL 和 Flash PFO。L4、L5、L6、L7、XINTF Zone 0/6/7 这些空间是可以被 DMA 进行存取的。L0、L1、L2、L3 是双映射的，该模式主要是与 F281x 系列的 DSP 兼容使用。

从图 3-3 可以明显看出，F28335 的内存中数据空间和程序空间是分开的，程序存储器和数据存储器是两个独立的存储器，每个存储器独立编码、独立访问。中央处理器首先到程序指令存储器中读取程序指令内容，解码后得到数据地址，再到相应的数据存储器中读取数据，并进行下一步的操作（通常是执行）。因为可以同时读取指令和数据，大大提高了数据吞吐率，具有较高的执行效率。

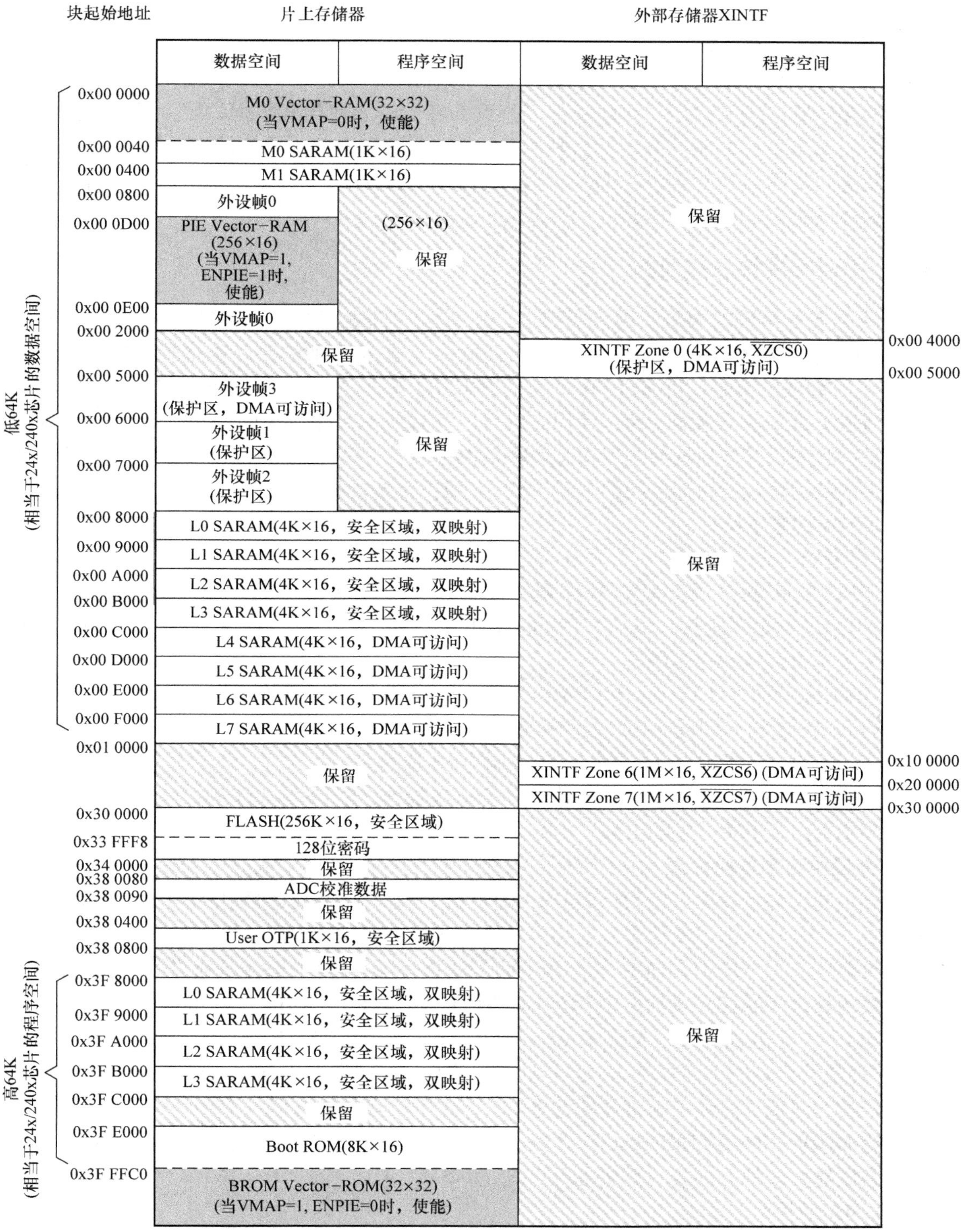

块起始地址　　　　　片上存储器　　　　　　　　　外部存储器XINTF

	数据空间	程序空间	数据空间	程序空间

0x00 0000 — M0 Vector-RAM(32×32)（当VMAP=0时，使能）

0x00 0040 — M0 SARAM(1K×16)

0x00 0400 — M1 SARAM(1K×16)

0x00 0800 — 外设帧0

0x00 0D00 — PIE Vector-RAM (256×16)（当VMAP=1，ENPIE=1时，使能）　｜（256×16）　保留

0x00 0E00 — 外设帧0

0x00 2000 — 保留

0x00 4000 / 0x00 5000 — XINTF Zone 0 (4K×16, XZCS0)（保护区，DMA可访问）

0x00 5000 — 保留

0x00 6000 — 外设帧3（保护区，DMA可访问）

— 外设帧1（保护区）｜ 保留

0x00 7000 — 外设帧2（保护区）

0x00 8000 — L0 SARAM(4K×16, 安全区域，双映射)

0x00 9000 — L1 SARAM(4K×16, 安全区域，双映射)

0x00 A000 — L2 SARAM(4K×16, 安全区域，双映射)

0x00 B000 — L3 SARAM(4K×16, 安全区域，双映射)

0x00 C000 — L4 SARAM(4K×16, DMA可访问)

0x00 D000 — L5 SARAM(4K×16, DMA可访问)

0x00 E000 — L6 SARAM(4K×16, DMA可访问)

0x00 F000 — L7 SARAM(4K×16, DMA可访问)

0x01 0000 — 保留

0x10 0000 — XINTF Zone 6(1M×16, XZCS6) (DMA可访问)

0x20 0000 — XINTF Zone 7(1M×16, XZCS7) (DMA可访问)

0x30 0000 — FLASH(256K×16, 安全区域)

0x33 FFF8 — 128位密码

0x34 0000 — 保留

0x38 0080 — ADC校准数据

0x38 0090 — 保留

0x38 0400 — User OTP(1K×16, 安全区域)

0x38 0800 — 保留

0x3F 8000 — L0 SARAM(4K×16, 安全区域，双映射)

0x3F 9000 — L1 SARAM(4K×16, 安全区域，双映射)

0x3F A000 — L2 SARAM(4K×16, 安全区域，双映射)

0x3F B000 — L3 SARAM(4K×16, 安全区域，双映射)

0x3F C000 — 保留

0x3F E000 — Boot ROM(8K×16)

0x3F FFC0 — BROM Vector-ROM(32×32)（当VMAP=1, ENPIE=0时，使能）

左侧纵向标注：低64K（相当于24x/240x芯片的数据空间）；高64K（相当于24x/240x芯片的程序空间）

右侧纵向标注：保留

注: M0 Vector, PIE Vector, BROM Vector同一时刻只能有一个使能。

图 3-3　F28335 存储器映射

3.4　DMA 控制器

直接存储器访问（DMA）模块提供了外设和存储器之间传送数据的硬件方法，这种数据传送方法不需要 CPU 参与，因此为其他系统功能释放了存储单元的带宽。另外 DMA 具有在缓冲器之间传送"乒 – 乓"（ping – pong）数据以及重新排列数据的功能。这些特性对于构造数据块以优化 CPU 十分有用。

3.4.1　DMA 模块总线结构

DMA 是基于事件的模块，因此需要有一个外设中断触发才开始 DMA 数据传输。6 个 DMA 通道的中断触发源可以独立配置，并且每一个通道都拥有各自独立的 PIE 中断，当 DMA 传送开始或结束时，可通过 PIE 中断告知 CPU。6 个通道中，有 5 个通道具有相同的性能，而通道 1 具有一个附加特性：其优先级可以配置成比其他通道的优先级高。DMA 模块的核心是一状态机并与地址控制逻辑总线联系在一起。正是这个地址控制逻辑总线允许对传输过程中的数据块包括缓冲器间的"乒 – 乓"。数据重新排列。

1. DMA 的基本特征

1）具有独立 PIE 中断的 6 个通道。

2）外设中断触发源：ADC 排序器 1 和 2、多通道缓冲串口 A 和 B（McBSP – A, McBSP – B）的发送和接收、XINT1 ~ 7 和 XINT13、CPU 定时器、ePWM1 ~ 6 的 ADSOCA 和 ADSOCB 信号以及软件强制触发。

3）数据源/目的：L4 ~ L7 16K SARAM、所有 XINT 区域、ADC 存储器总线映射结果寄存器、McBSP – A 和 McBSP – B 发送和接收缓冲器、ePWM 寄存器。

4）字长度：16 位或 32 位（McBSPs 限制为 16 位）。

5）吞吐量：4 个时钟周期/字（对于 McBSP 读操作，5 个时钟周期/字）。

图 3-4 给出了 DMA 的结构图。

2. 外设中断事件触发源

外设中断事件触发器可以为每个 DMA 通道独立配置 18 个触发源中的一个。在这些中断触发源中，有 8 个外部中断信号，这些信号可以连接到 GPIO 引脚上，这就大大增加了触发事件的灵活性。每个通道 MODE 寄存器中的 PERINTSEL 位用来选择该通道的中断触发源。一个有效的外设中断触发事件将锁存至 CONTROL 寄存器的 PERINTFLG 位，并且如果相应的中断和 DMA 通道被使能（MODE. CHx［PERINTE］和 CONTROL. CHx［RUNSTS］位），则 DMA 通道将会响应中断事件。一旦接收到外设中断事件信号，DMA 会自动地向中断源发送清零信号，以保证后续中断事件的发生。

无论 MODE. CHx［PERINTSEL］位的值是什么，软件总是可以通过 PERINTFRC 位给通道一个强制触发事件。同样，软件也可以通过 CONTROL. CHx［PERINTCLR］位清除一个悬挂的 DMA 触发源。

一旦特定的中断触发源将通道的 PERINTFLG 位置位后，该位将保持悬挂状态直到状态机的优先逻辑启动该通道的数据传送；当数据传送开始后，该标志位将被清零。当数据传送过程中，又产生了一个新的中断触发事件时，DMA 通道将在当前数据传送完毕后，再按适

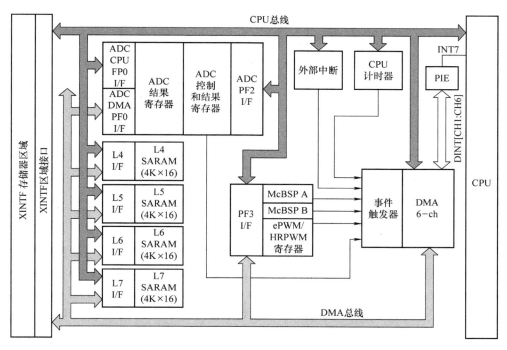

图 3-4　DMA 的结构图

当的优先次序，去响应这个新的中断触发源。若当前悬挂的中断响应结束前，第 3 个中断触发源产生，则错误标志 CONTROL. CHx［OVRFLG］将被置位。如果外设中断触发事件与清除 ERINTFLG 标志位同时发生，外设中断触发事件有优先权，且 PERINTFLG 位仍保持置位。

图 3-5 给出了触发选择电路的结构图。

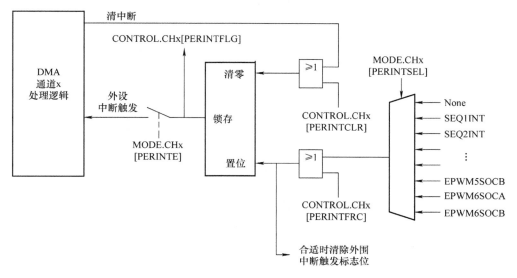

图 3-5　触发选择电路的结构图

表 3-3 列出了可供每个通道选择的外设中断触发源。

表 3-3　外设中断触发源选择

外设	中断触发源	外设	中断触发源
CPU	DMA 软件位（CHx. CONTROL. PERINTFRC）	ePWM1	ADC 模块启动通道 A 或 B 转换
ADC 模块	排序器 1 中断、排序器 2 中断	ePWM2	ADC 模块启动通道 A 或 B 转换
外部中断	外部中断 1 ~ 7、外部中断 13	ePWM3	ADC 模块启动通道 A 或 B 转换
CPU 定时器	定时器 0 溢出、定时器 1 溢出、定时器 2 溢出	ePWM4	ADC 模块启动通道 A 或 B 转换
McBSP – A	McBSP – A 发送缓冲器空 McBSP – A 接收缓冲器满	ePWM5	ADC 模块启动通道 A 或 B 转换
McBSP – B	McBSP – B 发送缓冲器空 McBSP – B 接收缓冲器满	ePWM6	ADC 模块启动通道 A 或 B 转换

3. DMA 总线

DMA 总线包含 22 位的地址线、32 位的读总线和 32 位的写总线。连接到 DMA 总线上的存储器和寄存器通过接口与 CPU 存储器或外设总线共享资源。与 DMA 总线相连的资源有：XINTF 区域 0，6，7、L4 ~ L7 SARAM、ADC 存储器映射结果寄存器、McBSP – A 和 McBSP – B 数据接收寄存器（DRR2/DRR1）和数据发送寄存器（DXR2/DXR1）、ePWM1 ~ 6/HRPWM1 ~ 6 映射到外设帧 3 的寄存器。

4. 流水线时序和吞吐量

DMA 包含了 4 级流水线操作，如图 3-6 所示。当 DMA 配置成使用 McBSPs 作为其数据源时，在传送数据过程中，读 DRR 寄存器会使 DMA 总线暂停一个时钟周期，如图 3-7 所示。

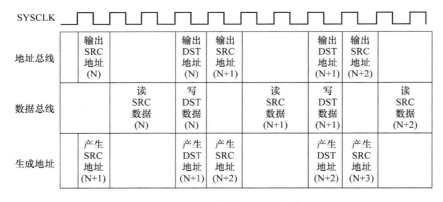

图 3-6　DMA 传输 4 级流水线

除了流水线操作外，还有以下性能会影响 DMA 的整体吞吐量：

1）在每个数据帧（burst）传输的开始会附加一个时钟周期的延迟；

2）当从通道 1 高优先级中断返回时会附加一个时钟周期的延迟；

3）32 位的传输速度是 16 位传输速度的两倍（32 位字和 16 位字的传输时间相等）；

4）和 CPU 发生冲突时会产生附加的延迟。

例如，从 ADC 中传送 128 个 16 位字至 RAM，通道可以配置成传输 8 个 16 字的数据帧。便得到传送需要：8 帧 × [（4 时钟周期/字 × 16 字/帧）+ 1] = 520 时钟周期；若通道配置成传送 32 位字，则传送将需要：8 帧 × [(4 时钟周期/字 × 8 字/帧) + 1] = 264 时钟周期。

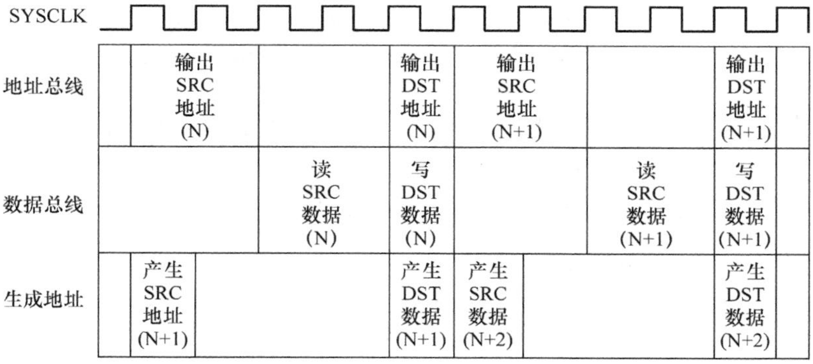

图 3-7　带一个时钟暂停的读写操作的 4 级流水线（McBSP 为事件源）

3.4.2　DMA 的数据传输

DMA 控制器产生之前，CPU 经常花费大量的带宽来移动所要处理的数据，不仅从片外存储器到片内存储器，还包括从一个外设到另一个外设。DMA 控制器允许在不经 CPU 的干预下进行数据的交互，尽管无法准确衡量系统运算速度，但的确极大提升了数据的吞吐率。一个完整的 DMA 传输过程具有 4 个步骤。

1）DMA 请求：外设接口提出 DMA 请求。

2）DMA 响应：DMA 控制器对 DMA 请求进行优先级判别并提出总线请求。CPU 执行完当前周期后释放总线控制权。此时，总线应答表示 DMA 已响应，由 DMA 控制器通知外设接口开始 DMA 传输。

3）DMA 传输：DMA 控制器获得总线控制权后，DMA 控制器开始在存储器和外设之间直接进行数据传送（需要提供要传输数据的起始位置和数据长度）。这个传送过程不需要 CPU 的参与。

4）DMA 结束：数据批量传送完成后，DMA 控制器立即释放总线控制权，并向外设接口发出结束信号。之后向 CPU 提出中断请求，CPU 开始检查本次 DMA 传输的数据。最后 CPU 带着本次操作的结果及状态继续执行原来的程序。

3.4.3　F2833x 中常用 DMA 配置寄存器

1. DMA 控制寄存器（DMACTRL）

15~2	1	0
Reserved	PRIORITYRESET	HARDRESET

DMA 控制寄存器各位功能描述见表 3-4。

表 3-4　DMA 控制寄存器（DMACTRL）各位功能描述

位	名称	值	描　　述
15～2	Reserved	0	保留
1	PRIORITYRESET	0	优先级复位位。写 0 无效，读返回 0。当向该位写 1 时，复位循环状态机，DMA 将从第一个使能的通道开始服务。当向该位写 1 时，在所有悬挂的数据传送都完成后，将复位通道优先级状态机。若通道 1 被配置成高优先级，向该位写 1 时，若通道 1 正在传送一数据帧，则在通道 1 的数据帧传送完毕且其他低优先级的通道数据也传送完毕后，才复位状态机。在 CH1 为高优先级的情况下，状态机将从 CH2 重新开始（或使能的下一优先级通道）
0	HARDRESET	0	向该位写 1 复位整个 DMA 模块且终止任何当前的访问（相当于器件复位）。向该位写数据时，需要等一个时钟周期才能生效。因此，向该位写完数据后，至少要等待一个时钟周期延迟（加一条 NOP 指令）后才能访问 DMA 的其他寄存器。若 DMA 正试图访问 XINTF 空间且 DMA 访问被暂停（XREADY 未响应），则 HARDRE - SET 可以终止当前访问。只有在 XREADY 被释放后，对 XINTF 的访问才结束。向该位写 0 无效，且读取该位返回值总是 0

2. DMA 优先级控制寄存器（PRIORITYCTRL1）

15～1	0
Reserved	CH1PRIORITY

DMA 优先级控制寄存器各位功能描述见表 3-5。

表 3-5　DMA 优先级控制寄存器（PRIORITYCTRL1）各位功能描述

位	名称	值	描述
15～1	Reserved	0	保留
0	CH1PRIORITY	0 1	DMA 通道 1 优先级位。只有在所有通道被禁止时，才能更改通道优先级。优先级改变后，在重新开启通道前应先执行优先级复位操作 通道 1 和其他通道优先级一样 通道 1 拥有最高优先级

3. 通道模式选择寄存器（MODE，受 EALLOW 保护）

15	14	13	12	11	10	9	8
CHINTE	DATA SIZE	SYNC SEL	SYNCE	CONTINUOUS	ONESHOT	CHINTMODE	PERINTE
R/W-0	R/W-0	R/W-0	R/W-0	R/W-0	R/W-0	R/W-0	R/W-0

7	6	5	4				0
OVRINTE	Reserved		PERINTSEL				
R/W-0	R-0		R/W-0				

通道模式选择寄存器各位功能描述见表 3-6。

表 3-6　通道模式选择寄存器（MODE）各位功能描述

位	名称	值	描述
15	CHINTE	0 1	通道中断使能位。该位用于使能或禁止相应 DMA 通道向 CPU 产生中断 禁止中断 使能中断
14	DATASIZE	0 1	该位用于选择 DMA 通道每次传送的是 16 位的数据还是 32 位的数据 传送 16 位长度的数据 传送 32 位长度的数据
13	SYNCSEL	0 1	同步模式选择位。该位用于配置 SRC 或 DST 打包计数器是否受同步功能控制 同步功能控制 SRC 打包计数器 同步功能控制 DST 打包计数器

（续）

位	名称	值	描述
12	SYNCE	0 1	同步使能位 忽略 ADCSYNC 事件 ADCSYNC 信号将被识别（如果 PERINTSEL 位选择的是 SEQ1INT）。同步信号用来同步 ADC 模块中断触发事件和 DMA 打包计数器
11	CONTINUOUS	0 1	连续模式位 每次传送结束后，DMA 将停止并将 RUNSTS 位清 0 当 TRANSFER_COUNT 为 0 时，DMA 重新初始化，并等待下一中断事件触发
10	ONESHOT	0 1	每次触发模式位 每个触发事件仅传送一帧数据 在第一个事件触发后，后续的帧传送不需要额外的事件触发
9	CHINTMODE	0 1	通道中断产生模式位。该位用来决定相应 DMA 通道何时向 CPU 产生中断 在每次传送起始时刻产生中断 在每次传送结束时刻产生中断
8	PERINTE	0 1	外设中断触发使能位。该位用来使能或禁止所选择的外设中断事件触发 DMA 禁止外设中断触发，所选择的外设以及软件均不能启动 DMA 传送 使能外设中断触发
7	OVRINTE	0 1	超载中断使能位 超载中断被禁止 超载中断被使能，检测到超载事件时，允许 DMA 产生中断
6, 5	Reserved	0	保留

| 4 ~ 0 | PERINTSEL | 外设中断源选择位。该位用于为给定的通道选择启动 DMA 传送的中断触发事件。DMA 的数据帧传送也可以通过 PERINTFRC 位强制执行。这些位还可以选择是否将 ADCSYNC 连接到相应通道 |

值	中断触发事件	同步	外设
0	无	无	无外设连接
1	SEQ1INT	ADCSYNC	ADC
2	SEQ2INT	无	
3 ~ 9	分别对应 XINT1 ~ XINT7	无	外部中断
10	XINT13	无	
11 ~ 13	分别对应 TINT0 ~ TINT2	无	CPU 定时器
14	MXEVTA	无	McBSP – A
15	MREVTA		
16	MXEVTB	无	McBSP – B
17	MREVTB		
18	ePWM1SOCA	无	ePWM1
19	ePWM1SOCB		
20	ePWM2SOCA	无	ePWM2
21	ePWM2SOCB		
22	ePWM3SOCA	无	ePWM3
23	ePWM3SOCB		
24	ePWM4SOCA	无	ePWM4
25	ePWM4SOCB		
26	ePWM5SOCA	无	ePWM5
27	ePWM5SOCB		
28	ePWM6SOCA	无	ePWM6
29	ePWM6SOCB		
30 ~ 31	保留		无外设连接

4. 通道控制寄存器（CONTROL，受 EALLOW 保护）

7	6	5	4	3	2	1	0
ERRCLR	SYNCCLR	SYNCFRC	PERINTCLR	PERINTFRC	SOFTRESET	HALT	RUN

15	14	13	12	11	10	9	8
Reserved	OVRFLG	RUNSTS	BURSTSTS	TRANSFERST	SYNCERR	SYNCFLG	PERINTFLG

通道控制寄存器各位功能描述见表3-7。

表 3-7　通道控制寄存器（CONTROL）各位功能描述

位	名称	值	描述
15	Reserved	0	保留
14	OVRFLG	0 1	超载标志位 未发生溢出 在 PERINFLG 已经置位的情况下，DMA 又接收到所选定外设产生的中断触发事件，即发生超载
13	RUNSTS	0 1	运行状态位 通道被禁止。TRANSFER_COUNT 减为 0 且 CONTINUOUS 模式位被叠 0 时，该位将被清零；此外，HARDRESET 位、SOFTRESET 位、HALT 位有效时，该位也将被清零 通道被使能，DMA 通道已经做好响应外设中断触发事件的准备。当向 RUN 位写 1 时，该位被置位
12	BURSTSTS	0 1	帧状态位 无帧数据传送。当 BURST_COUNT 减为 0 时，该位清零。此外，HARDRESET 位、SOFTRESET 位有效时，该位也将被清零 DMA 当前正在响应或悬挂来自该通道的一个帧传送。当 DMA 数据帧传送开始、BURST_COUNT 载入 BURST_SIZE 值时，该位置位
11	TRANSFERST	0 1	传送状态位 无有效传送。当 TRANSFER_COUNT 减为 0 时，该位清零。此外，HARDRESET 位、SOFTRESET 位有效时，该位也将被清零 无论是否有正在被传送的有效帧数据，该通道当前正在传送进程中。当 DMA 开始传送数据、地址指针寄存器装载相应的映射寄存器值且 TRANSFER_COUNT 从 TRANSFER_SIZE 装载时，该位置位
10	SYNCERR	0 1	同步错误位。用户可以通过读取 SYNCERR 位判断是否发生了同步错误事件。当 ADCSYNC 事件发生且选择的 SRC 或 DST_WRAP_COUNT 不为 0 时，该位被置 1 未发生同步错误事件 发生了同步错误事件
9	SYNCFLG	0 1	同步标志位。该位表明 ADCSYNC 事件是否发生。当第一帧数据传送开始时，该位自动清除 无同步事件发生，SYNCCLR 位可将该位清 0 有同步事件发生，SYNCFRC 位可将该位置 1

（续）

位	名称	值	描述
8	PERINTFLG	0 1	外设中断触发标志位。该位表明是否发生了外设中断触发事件。当第一帧数据传送开始时，该位自动清除 没有中断触发事件发生。PERINTCLR 位可将该位清 0 有中断触发事件发生。PERINTFRC 位可将该位置 1，用以软件强制产生 DMA 事件
7	ERRCLR	0	错误清除位。向该位写 1 会清除任何锁存的同步错误事件并清除 SYN-CERR 位；此外，该位还会清除 OVRFLG 位。通常在第一次初始化 DMA 以及要判断是否检测到超载事件时，都会用到该位。若 ADCSYNC 错误事件或超载事件与向 ERRCLR 位写 1 这一操作同时发生，那么 ADCSYNC 错误事件和溢出事件有优先权，且 SYNCERR 或 OVRFLG 位将被置位
6	SYNCCLR	0	同步清除位。向该位写 1 会清除锁存的同步事件并清除 SYNCFLG 位。通常在第一次初始化 DMA 时会用到该位。若 ADCSYNC 事件与向该位写 1 这一操作同时发生，那么 ADC 模块有优先权，SYNCFLG 被置位
5	SYNCFRC	0	同步强制位。向该位写 1 时，将会锁存一个同步事件并将 SYNCFLG 位置位。该位还可用于对数据打包计数器的软件同步
4	PERINTCLR	0	外设中断清除位。向该位写 1 时将清除任何锁存的外设中断事件且清除 PERINTFLG 位。通常第一次初始化 DMA 时会用到该位。若外设事件与向该位写 1 这一操作同时发生，则外设有优先权且 PERINTFLG 位被置位
3	PERINTFRC	0	外设中断强制位。向该位写 1 锁存一个外设中断触发事件并将 PERINT-FLG 位置位。若 PERINTE 被置位，则 PERINTFRC 位可用于软件强制启动 DMA 帧数据传送
2	SOFTRESET	0	通道软件复位位。向该位写 1，则在完成当前读－写访问后会将通道置于如下默认状态： • RUNSTS = 0；TRANSFERSTS = 0；BURSTSTS = 0；BURST_COUNT = 0 • TRANSFER _ COUNT = 0；SRC _ WRAP _ COUNT = 0；DST _ WRAP _ COUNT = 0
1	HALT	0	通道暂停位。向该位写 1，则 DMA 将当前读－写访问完成后就会暂停在当前状态
0	RUN	0	通道运行位。在配置好 DMA 后，RUN 位用来启动 DMA，之后 DMA 将等待第一个中断事件（PERINTFLG = 1）启动通道传送操作。向该位写 1 将启动通道，RUNSTS 位也将被置 1。该位可使器件退出暂停状态

3.5　系统时钟

3.5.1　时钟信号

时钟电路是微处理器电路系统中的重要组成部分，是其运行的基准。TMS320F2833x

DSP 微处理器内部的各模块使用的时钟源是不同的，主要有 5 种类型的时钟信号：

1）外部晶体（或晶振）通过引脚 X1、X2 或外部时钟通过 XCLKIN/X1 提供的时钟信号，该时钟信号记为 OSCCLK。

2）OSCCLK 通过锁相环（PLL）模块后或直接送至 CPU，这个时钟信号为 CPU 时钟输入，记为 CLKIN。

3）CLKIN 输入 CPU 后，CPU 将其输出，称为 CPU 时钟输出或系统输出时钟，记为 SYSCLKOUT。SYSCLKOUT 与 CLKIN 频率相同。

4）片内外设所使用的高速外设时钟 HSPCLK。这个时钟信号通过对 CPU 时钟 SYSCLKOUT 分频得到。

5）片内外设所使用的低速外设时钟 LSPCLK。这个时钟信号通过对 CPU 时钟 SYSCLKOUT 分频得到。

3.5.2　时钟电路

F2833x 的时钟源有两种产生方式。

1. 晶体振荡器方式

该方式允许使用 DSP 片上振荡器与外部晶体相连为芯片提供时钟，该晶体与 X1、X2 引脚相连，并且 XCLKIN 引脚拉低，如图 3-8 所示。

2. 外部时钟源方式

若不使用 DSP 片上的振荡器，可采用外部时钟源方式。该操作方式允许内部振荡器被旁路，芯片时钟由来自 X1 引脚或 XCLKIN 引脚的外部时钟源产生。当选择 X1 引脚作为外部时钟源输入时，其信号允许的电压值是 1.9V（150MHz）/1.8V（100MHz）（时钟高电平电平不超过 VDD），且必须将 XCLKIN 引脚拉低并保持 X2 悬空，如图 3-9 所示；当选择 XCLKIN 引脚作为外部时钟源输入时，其信号允许的电压值是 3.3V（时钟高电平电压不可超过 VDDIO），且必须将 X1 引脚拉低并保持 X 悬空，如图 3-10 所示。

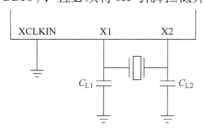

图 3-8　使用内部振荡器

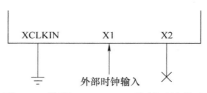

图 3-9　使用 1.9V/1.8V 外部时钟输入

在 DSP 的最小系统中，通常使用外部 3.3V 时钟信号接至 DSP 的 XCLKIN 引脚。时钟信号进入 DSP 芯片后，再经过 PLL 模块，然后分配到各外设模块。

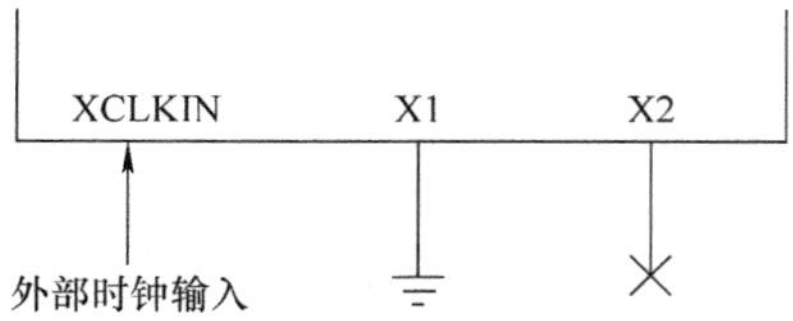

图 3-10　使用 3.3V 外部时钟输入

3.5.3　晶体振荡器和 PLL 模块

上一小节所讲，F2833x 系列 DSP 可以通过外置振荡器或外部时钟信号提供时钟，并通过内部 PLL 锁相环电路倍频后提供给系统。用户可以根据实际运行频率计算所需的倍频系数，并通过软件设置 PLL 的倍频系数。图 3-11 为片上外设时钟的产生。

1. 基于 PLL 的时钟模块

F2833x 芯片都有一个片上基于 PLL 的时钟模块，该模块有一个 4 位比例控制寄存器，可以为 CPU 选择不同的时钟频率，图 3-12 给出了振荡器和 PLL 模块的结构图。

基于 PLL 的时钟模块可以提供以下两种操作模式：

1）晶体振荡器操作：片上振荡器允许使用外部晶体振荡器为芯片提供时间基准，该晶体振荡器与 X1、X2 引脚相连，并且 XCLKIN 引脚拉低。

2）外部时钟源操作：如果没有使用片上的振荡器，该模式允许内部振荡器被旁路，芯片时钟由来自 X1 引脚或 XCLKIN 引脚的外部时钟源产生。

PLL 模块的 3 种配置模式见表 3-8。

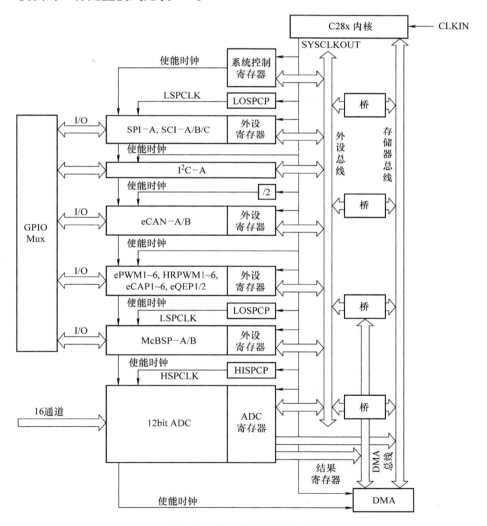

图 3-11　片上外设时钟的产生

表 3-8　PLL 的 3 种配置模式

PLL 模式	描述	PLLSTS〔DTVSEL〕	SYSCLKOUT
PLL 被禁止	用户在 PLLSTS 寄存器中设置 PLLOFF 位,可以使锁存环境块在该模式下被禁止。主要用于减少系统噪声和低功耗操作。在进入这种模式之前,PLLCR 寄存器必须被清零(PLL 被旁路),输入到 CPU 的时钟信号直接来自 X1/X2、X1 或 XCLKIN	0, 1 2 3	OSCCLK/4 OSCCLK/2 OSCCLK/1
PLL 被旁路	旁路是上电或外部复位后的默认配置。当 PLLCR 寄存器必须被清零或被修改使得 PLL 锁住一个新的频率时,采用该模式。在这种模式下,锁相环自身被旁路,但 PLL 没有被关断	0, 1 2 3	OSCCLK/4 OSCCLK/2 OSCCLK/1
PLL 被使能	通过向 PLLCR 寄存器写入一个非 0 值来实现,直到 PLL 被锁存住,芯片才转换为旁路模式	0, 1 2	OSCCLK × N/4 OSCCLK × N/2

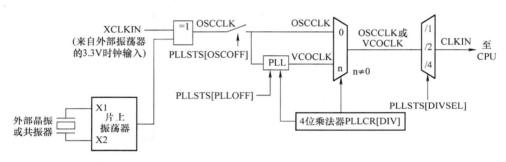

图 3-12　振荡器和 PLL 结构图

2. 时钟信号监视电路

时钟信号监视电路主要用来检测 OSCCLK 信号是否缺失。电路使用两个计数器分别监视进入 PLL 前的时钟信号 OSCCLK 以及 PLL 后的时钟信号 VCOCLK,如图 3-13 所示。

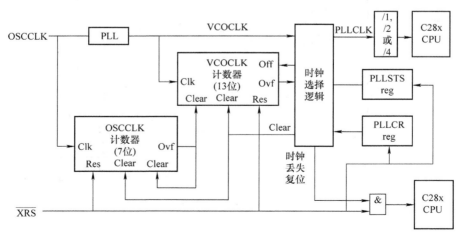

图 3-13　时钟信号监视电路

电路工作原理：OSCCLK 信号来自 X1/X2 内部振荡器或由外部时钟电路直接通过 XCLKIN 引脚输入，7 位的 OSCCLK_counter 计数器用来对 OSCCLK 时钟信号进行计数，13 位的 VCOCLK - counter 计数器用来对 PLL 后的时钟信号 VCOCLK 进行计数。7 位计数器 OSCCLK - counter 溢出时会将 13 位计数器 VCOCLK - counter 清零。正常情况下，只要 OSCCLK 信号存在，VCOCLK - counter 计数器将不会溢出。如果 OSCCLK 信号丢失，PLL 将进入 limp - mode模式，并产生一个低频时钟信号。VCOCLK - counter 计数器将对这个低频时钟信号持续计数，由于 OSCCLK - counter 计数器不再产生周期性的清零信号，所以 VCOCLK_counter 计数器将溢出。当 VCOCLK_counter 计数器溢出时，将产生一个内部复位信号 $\overline{\text{MCLKRES}}$，对 CPU、外设及其他单元进行复位，同时将 PLLSTS [MCLKSTS] 置 1，PLLSTS [MCLKSTS] =1 表明时钟信号监视电路发现 OSCCLK 信号缺失，同时还表明此时 CPU 的工作时钟为 limp - mode 模式产生的低速时钟或为其频率的一半。

系统复位后，应首先通过软件检测 PLLSTS [MCLKSTS] 位，如果该位为 1，表明系统时钟信号丢失，应对硬件时钟电路进行检查。通过向 PLLSTS [MCLKCLR] 位写 1，可将其清零并复位整个时钟信号监视电路，如果再次检测到 OSCCLK 信号丢失，将重复上述过程。

3. XCLKOUT 信号的产生

XCLKOUT 信号是直接由系统时钟 SYSCLKOUT 产生的，如图 3-14 所示。XCLKOUT 频率可以配置为 SYSCLKOUT/1、SYSCLKOUT/2 或 SYSCLKOUT/4，默认状态下，XCLKOUT = SYSCLKOUT/4 或 XCLKOUT = OSCCLK/16。

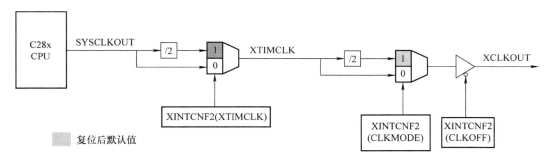

图 3-14　XCLKOUT 信号的产生

系统复位后，该信号频率应为 SYSCLKOUT/4，用户可通过检测该信号的频率来确定系统时钟是否被正确配置。XCLKOUT 引脚上没有内部上拉或下拉，如果未用到 XCLKOUT，可以通过将 XINTCNF2 寄存器中的 CLKOFF 位置 1 来将其关闭。

3.5.4　相关寄存器

1. PLL 状态寄存器 （PLLSTS）

15							9	8
Reserved								DIVSEL
R-0								R/W-0

7	6	5	4	3	2	1	0
DIVSEL	MCLKOFF	OSCOFF	MCLKCLR	MCLKSTS	PLLOFF	Reserved	PLLLOCKS
R/W-0	R/W-0	R/W-0	R/W-0	R-0	R/W-0	R-0	R-1

PLL 状态寄存器的各位功能见表3-9。

表 3-9　PLL 状态寄存器

位	位域	值	作用描述
15 ~ 9	Reserved		保留
8, 7	DIVSEL	00, 01 10 11	CPUCLK 分频选择 4 分频 CLCKIN/4 (默认) 2 分频 CLCKIN/2 1 分频 CLCKIN/1 (只有 PLL 旁路时才允许)
6	MCLKOFF	0 1	缺少时钟检测关闭位 使能主振荡器故障检测逻辑 禁用主振荡器故障检测逻辑
5	OSCOFF	0 1	外部 CLK 信号输入 PLL (默认) 外部 CLK 信号输入 PLL
4	MCLKCLR	0 1	缺少时钟清除位 写 0 无影响,该位读出时总为 0 强制缺少时钟检测电路被清除和复位
3	MCLKSTS	0 1	缺少时钟状态位 表示正常工作,未检测到缺少时钟 表示缺少 OSCCLK,CPU 由工作在跛行模式 (limp mode) 频率的 PLL 计算
2	PLLOFF	0 1	PLL 关闭 PLL 开启 (默认) 写 1 前,PLL 必须处于旁路
1	Reserved		保留
0	PLLLOCKS	0 1	PLL 锁定状态位 PLL 未锁定,CPU 由 OSCCLK/2 计算,直到 PLL 被锁定 PLL 已完成锁定

2. PLL 控制寄存器 (PLLCR)

15	4	3	0
Reserved		DIV	
R–0		R/W–0	

PLLCR 用来改变设备的 PLL 倍频系数,在向 PLLCR 进行写操作之前,需要满足以下要求:

1) PLLSTS [DIVSEL] 位必须被置零 (CLKIN 被 4 分频),只有当 PLL 锁定完成后 (PLLSTS [PLLLOCKS] =1),才能将 PLLSTS [DIVSEL] 位修改为 1。

2) 设备不能工作在 "保护模式",即 PLLSTS [MCLKSTS] 位必须为 0。

当 CPU 对 PLLCR [DIV] 进行写操作时,PLL 逻辑将 CPU 时钟 (CLKIN) 设定为 OSCCLK/2。一旦 PLL 稳定并已经锁定在一个新的指定频率,PLL 将置 CLKIN 为表 3-10 中所示的一个新值。此时 PLLSTS 中的 PLLLOCKS 位将置位,表明 PLL 已经完成锁定并且设备正运行在一个新的频率。用户可以通过软件查询 PLLLOCKS 位来判断 PLL 是否完成锁定。当

PLLSTS［PLLLOCKS］变为 1 后，即可修改 DIVSEL 的值。

表 3-10　PLL 控制寄存器（PLLCR）对 SYSCLKOUT 的影响

SYSCLKOUT（CLKIN）			
PLLCR［DIV］取值 k	PLLSTS［DIVSEL］=0 或 1	PLLSTS［DIVSEL］=2	PLLSTS［DIVSEL］=3
0000（PLL 旁路）	OSCCLK/4（默认）	OSCCLK/2	OSCCLK
0001～1010	（OSCCLK×k）/4	（OSCCLK×k）/2	—
1011～1111	保留	保留	保留

PLLCR 对 SYSCLKOUT 的影响见表 3-10，其中 k 为 PLLCR［DIV］值对应的十进制值。修改 PLLCR 的流程如图 3-15 所示。

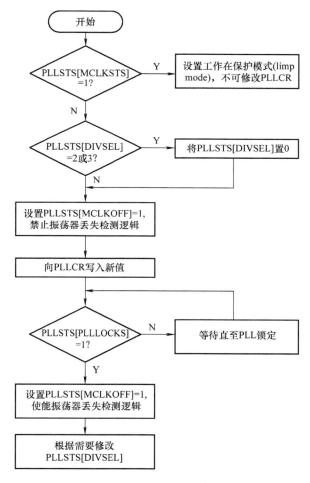

图 3-15　PLLCR 修改流程图

3. 高速外设时钟预定标寄存器（HISPCP）

15	3	2	0
Reserved		HSPCLK	
R—0		R/W—001	

高速外设时钟预定标寄存器的各位功能见表 3-11。

表 3-11　高速外设时钟预定标寄存器（HISPCP）各位功能描述

位	字段	功能描述
15 ~ 3	Reserved	保留
2 ~ 0	HSPCLK	用来配置高速外设时钟（HSPCLK）与系统时钟（SYSCLKOUT）之间的相互关系： 如果 HISPCP = 0，那么 HSPCLK = SYSCLKOUT；如果 HISPCP ≠ 0，那么 HSPCLK = SYSCLKOUT/（HISPCP ∗ 2） 000：HSPCLK = SYSCLKOUT/1 001：HSPCLK = SYSCLKOUT/2（复位后的默认值） 010 ~ 111：HSPCLK = SYSCLKOUT/（HISPCP ∗ 2）

4. 低速外设时钟预定标寄存器（LOSPCP）

15	3 2	0
Reserved		LSPCLK
R-0		R/W-001

低速外设时钟预定标寄存器的各位功能见表 3-12。

表 3-12　低速外设时钟预定标寄存器（LOSPCP）各位功能描述

位	字段	功能描述
15 ~ 3	Reserved	保留
2 ~ 0	LSPCLK	用来配置高速外设时钟（LSPCLK）与系统时钟（SYSCLKOUT）之间的相互关系： 如果 LOSPCP = 0，那么 LSPCLK = SYSCLKOUT；如果 LOSPCP ≠ 0，那么 LSPCLK = SYSCLKOUT/（LOSPCP ∗ 2） 000：LSPCLK = SYSCLKOUT/1 001：LSPCLK = SYSCLKOUT/2（复位后的默认值） 010 ~ 111：LSPCLK = SYSCLKOUT/（LOSPCP ∗ 2）

5. 外设时钟控制寄存器 0（PCLKCR0）

15	14	13	12	11	10	9	8
ECANB ENCLK	ECANA ENCLK	McBSPB ENCLK	McBSPA ENCLK	SCIB ENCLK	SCIA ENCLK	Reserved	SPIA ENCLK
R/W-0	R/W-0	R/W-0	R/W-0	R/W-0	R/W-0	R-0	R/W-0

7		6	5	4	3	2	1	0
Reserved			SCIC ENCLK	I²CA ENCLK	ADC ENCLK	TBCLK SYNC	Reserved	
R-0			R/W-0	R/W-0	R/W-0	R/W-0	R-0	

外设时钟控制寄存器 0 的各位功能见表 3-13。

表 3-13　外设时钟控制寄存器 0（PCLKCR0）各位功能描述

位	字段	功能描述
15	ECANBENCLK	ECAN – B 时钟使能位：0—模块未计时（默认值）/1—模块 ECAN – B 使能并利用 SYSCLKOUT/2 计时
14	ECANAENCLK	ECAN – A 时钟使能位：0—模块未计时（默认值）/1—模块 ECAN – A 使能并利用 SYSCLKOUT/2 计时

（续）

位	字段	功能描述
13	McBSPBENCLK	McBSPB – B 时钟使能位：0—模块未计时（默认值）/1—模块 McBSPB – B 使能并利用低速时钟 LSPCLK 计时
12	McBSPAENCLK	McBSPB – A 时钟使能位：0—模块未计时（默认值）/1—模块 McBSPB – A 使能并利用低速时钟 LSPCLK 计时
11	SCIBENCLK	SCI – B 时钟使能位：0—模块未计时（默认值）/1—模块 SCI – B 使能并利用低速时钟 LSPCLK 计时
10	SCIAENCLK	SCI – A 时钟使能位：0—模块未计时（默认值）/1—模块 SCI – A 使能并利用低速时钟 LSPCLK 计时
9	Reserved	保留
8	SPIAENCLK	SPI – A 时钟使能位：0—模块未计时（默认值）/1—模块 SPI – A 使能并利用低速时钟 LSPCLK 计时
7, 6	Reserved	保留
5	SCICENCLK	SCI – C 时钟使能位：0—模块未计时（默认值）/1—模块 SCI – C 使能并利用低速时钟 LSPCLK 计时
4	I^2CAENCLK	I^2C 时钟使能位：0—模块未计时（默认值）/1—模块 I^2C 使能并利用 SYSCLK-OUT 计时
3	ADCENCLK	ADC 时钟使能位：0—模块未计时（默认值）/1—模块 ADC 使能并利用高速时钟 HSPCLK 计时
2	TBCLKSYNC	ePWM 模块基准时钟同步，允许用户将所有使能的 ePWM 模块与基准时钟同步； 0—每一个被使用的 ePWM 模块的基准时钟停止（默认值）。但如果 ePWM 模块时钟使能位在 PCLKCR1 寄存器中，那么 ePWM 模块将一直通过 SYSCLKOUT 计数，即使 TBCLKSYNC 的值为 0/ 1—所有被使能的 ePWM 模块的时钟都从 TBCLK 的一个上升沿开始。为了完全同步，ePWM 模块的 TBCLK 寄存器的预置位必须被设置成同步。ePWM 模块使用时钟的程序如下： （1）在 PCLKCR1 寄存器中使能 ePWM 模块 （2）设置 TBCLKSYNC 的值为 0 （3）设置预定寄存器的值和 ePWM 模块 （4）设置 TBCLKSYNC 的值为 1
1, 0	Reserved	保留

6. 外设时钟控制寄存器 1（PCLKCR1）

15	14	13	12	11	10	9	8
EQEP2 ENCLK	EQEP1 ENCLK	ECAP6 ENCLK	ECAP5 ENCLK	ECAP4 ENCLK	ECAP3 ENCLK	ECAP2 ENCLK	ECAP1 ENCLK
R/W–0	R/W–0	R/W–0	R/W–0	R/W–0	R/W–0	R/W–0	R/W–0

7	6	5	4	3	2	1	0
Reserved		EPWM6 ENCLK	EPWM5 ENCLK	EPWM4 ENCLK	EPWM3 ENCLK	EPWM2 ENCLK	EPWM1 ENCLK
R–0		R/W–0	R/W–0	R/W–0	R/W–0	R/W–0	R/W–0

外设时钟控制寄存器 1 的各位功能见表 3-14。

表 3-14　外设时钟控制寄存器 1（PCLKCR1）各位功能描述

位	字段	功能描述
15	EQEP2ENCLK	EQEP2 时钟使能位：0—模块未计时（默认值）/1—模块 EQEP2 使能并利用 SYSCLKOUT 计时
14	EQEP1ENCLK	EQEP1 时钟使能位：0—模块未计时（默认值）/1—模块 EQEP1 使能并利用 SYSCLKOUT 计时
13	ECAP6ENCLK	eCAP6 时钟使能位，没有该模块时，该位保留：0—模块未计时（默认值）/1—模块 eCAP6 使能并利用 SYSCLKOUT 计时
12	ECAP5ENCLK	eCAP5 时钟使能位，没有该模块时，该位保留：0—模块未计时（默认值）/1—模块 eCAP5 使能并利用 SYSCLKOUT 计时
11	ECAP4ENCLK	eCAP4 时钟使能位：0—模块未计时（默认值）/1—模块 eCAP4 使能并利用 SYSCLKOUT 计时
10	ECAP3ENCLK	eCAP3 时钟使能位：0—模块未计时（默认值）/1—模块 eCAP3 使能并利用 SYSCLKOUT 计时
9	ECAP2ENCLK	eCAP2 时钟使能位：0—模块未计时（默认值）/1—模块 eCAP2 使能并利用 SYSCLKOUT 计时
8	ECAP1ENCLK	eCAP1 时钟使能位：0—模块未计时（默认值）/1—模块 eCAP1 使能并利用 SYSCLKOUT 计时
7, 6	Reserved	保留
5	EPWM6ENCLK	ePWM6 时钟使能位：0—模块未计时（默认值）/1—模块 ePWM6 使能并利用 SYSCLKOUT 计时
4	EPWM5ENCLK	ePWM5 时钟使能位：0—模块未计时（默认值）/1—模块 ePWM5 使能并利用 SYSCLKOUT 计时
3	EPWM4ENCLK	ePWM4 时钟使能位：0—模块未计时（默认值）/1—模块 ePWM4 使能并利用 SYSCLKOUT 计时
2	EPWM3ENCLK	ePWM3 时钟使能位：0—模块未计时（默认值）/1—模块 ePWM3 使能并利用 SYSCLKOUT 计时
1	EPWM2ENCLK	ePWM2 时钟使能位：0—模块未计时（默认值）/1—模块 ePWM2 使能并利用 SYSCLKOUT 计时
0	EPWM1ENCLK	ePWM1 时钟使能位：0—模块未计时（默认值）/1—模块 ePWM1 使能并利用 SYSCLKOUT 计时

7. 外设时钟控制寄存器 3（PCLKCR3）

15	14　　13	12	11	10	9	8
Reserved	GPIOIN ENCLK	XINTF ENCLK	DMA ENCLK	CPUTIMER2 ENCLK	CPUTIMER1 ENCLK	CPUTIMER0 ENCLK
R-0	R/W-1	R/W-0	R/W-0	R/W-1	R/W-1	R/W-1

7	0
Reserved	
R-0	

外设时钟控制寄存器 3 的各位功能见表 3-15。

表 3-15　外设时钟控制寄存器 3（PCLKCR3）各位功能描述

位	字段	功能描述
15, 14	Reserved	保留
13	GPIOINENCLK	GPIO 输入时钟使能位：0—模拟未计时/1—模块 GPIO 使能并利用 SYSCLKOUT 计时（默认值）
12	XINTFENCLK	外部接口时钟使能位：0—模块未计时（默认值）/1—外部接口使能并利用 SYSCLKOUT 计时
11	DMAENCLK	DMA 时钟使能位：0—模拟未计时（默认值）/ 1—DMA 使能并利用 SYSCLKOUT 计时
10	CPUTIMER2ENCLK	CPUTIMER2 输入时钟使能位：0—模块未计时/1—模块 CPUTIMER2 使能并利用 SYSCLKOUT 计时（默认值）
9	CPUTIMER1ENCLK	CPUTIMER1 输入时钟使能位：0—模块未计时/1—模块 CPUTIMER1 使能并利用 SYSCLKOUT 计时（默认值）
8	CPUTIMER0ENCLK	CPUTIMER0 输入时钟使能位：0—模块未计时/1—模块 CPUTIMER0 使能并利用 SYSCLKOUT 计时（默认值）
7 ~ 0	Reserved	保留

第 4 章　TMS320F2833x 片上初始化单元

系统初始化是指上电复位后，保证 DSP 芯片能正常运行必须初始化的片上基本功能模块。本书中的系统初始化单元包括：系统时钟单元、看门狗电路、GPIO 单元、定时器和中断及管理单元。

对系统时钟、看门狗的软件初始化可决定 DSP 的系统时钟频率等；对 GPIO 单元软件初始化可决定启用哪些片上外设输入/输出引脚、GPIO 数字 I/O 模式、I/O 引脚数据传输方向等；定时器是用来准确控制时间的工具，以满足控制某些特定事件的要求；对中断及管理单元软件初始化可决定中断向量表的默认中断服务程序入口地址、决定启用哪些片上外设中断源等。

4.1　低功耗模式

F2833x 系列的 DSP 具有 3 种低功耗模式，每种工作模式的状态见表 4-1 所示。

对这 3 种模式的详细描述如下：

表 4-1　低功耗模式

低功耗模式	LPMCR0 [1:0]	OSCCLK	CLKIN	SYSCLKOUT	退出方式
IDLE	00	On	On	On	看门狗中断任何使能中断
STANDBY	01	On（看门狗仍然运行）	Off	Off	看门狗中断，GPIO PortA信号仿真器信号
HALT	1x	Off（振荡器及 PLL停止工作，看门狗也停止工作）	Off	Off	GPIO PortA 仿真器信号

4.1.1　IDLE 模式

在此模式下，CPU 可以通过使能中断或 NMI 中断退出该模式，LPM 单元将不执行任何工作。

4.1.2　STANDBY 模式

如果低功耗模式控制寄存器 LPMCR0 寄存器的 LPM 位被设置为 01，当 IDLE 指令被执行时设备进入 STANDBY 模式。

在该模式下，CPU 的输入时钟被关闭，这使得所有来自 SYSCLKOUT 的时钟都被关闭，振荡器和看门狗将一直起作用。

进入 STANDBY 模式之前，需要完成以下任务：

1）在 PIE 模块中使能 WAKEINT 中断，该中断连接着看门狗和低功耗模式模块中断；

2）在 GPIOLPMSE 寄存器中指定一个 GPIO 端口 A 信号唤醒设备，GPIOLPMSE 寄存器是 GPIO 模块的一部分。另外，使能 LPMCR0 寄存器，被选中的 GPIO 信号、输入信号和看门狗中断信号可以将处理器从 STANDBY 模式中唤醒。

4.1.3　HALT 模式

如果低功耗模式控制寄存器 LPMCR0 寄存器的 LPM 位被设置为 1x，当 IDLE 指令被执行时设备进入 HALT 模式。

在该模式下，所有的设备（包括 PLL 和振荡器）均被锁住。

进入 HALT 模式之前，需要完成以下任务：

1）在 PIE 模块中使能 WAKEINT 中断（PIEIER1.8 = 1），该中断连接着看门狗和低功耗模式模块中断。

2）在 GPIOLPMSE 寄存器中指定一个 GPIO 端口 A 信号唤醒设备，GPIOLPMSE 寄存器是 GPIO 模块的一部分。另外，被选中的 GPIO 信号、输入信号可以将处理器从 HALT 模式中唤醒。

3）尽可能地禁止除 HALT 模式唤醒中断之外的所有中断，在设备离开 HALT 模式后中断可以重新被使能。

4）设备退出 HALT 模式所需要的条件是：PIEIER1 寄存器的第 7 位（INT1.8）必须是 1；IER 寄存器的第 0 位（INT1）必须是 1。

5）如果以上条件都具备，那么：

① 如果 INTM = 0，WAKE_INT ISR 首先被执行，之后是 IDLE 指令。

② 如果 INTM = 1，WAKE_INT ISR 不被执行，IDLE 指令被执行。

6）当设备工作在 limp 模式（PLLSTS[MCLKSTS] = 1）时，不要进入 HALT 低功耗模式，否则，设备可能进入 STANDBY 模式或者出现死机而无法退出 HALT 模式。因此，在进入 HALT 模式之前，一直要检查 PLLSTS[MCLKSTS] 位等于 0。

低功耗模式由寄存器 LPMCR0 控制，其各位信息如下所示，功能描述如表 4-2 所示。

15	14	8	7	2	1	0
WDINTE		Reserved		QUALSTDBY		LPM
R/W-0		R-0		R/W-1		R/W-0

表 4-2　LPMCR0 寄存器各位功能描述

位	字段	取值及功能描述
15	WDINTE	看门狗中断控制。0：禁止看门狗中断将器件从 STANDBY 模式中唤醒（默认）；1：允许看门狗中断将器件从 STANDBY 模式中唤醒，看门狗中断必须在 SCSR 寄存器中使能
14~8	Reserved	保留
7~2	QUALSTDBY	为将器件从 STANBY 模式唤醒的 GPIO 输入引脚配置量化周期，以 OSC-CLK 时钟信号为最小单位。000000：2 个 OSCCLK 周期（默认）；000001：3 个 OSCCLK 周期；……；111111：65 个 OSCCLK 周期
1，0	LPM	器件低功耗模式选择位。00：选择 IDLE 模式（默认）；01：选择 STANDBY 模式；1x：选择 HALT 模式

注：此寄存器采用 EALLOW 保护。

4.2　看门狗单元

4.2.1　看门狗概述

1. 看门狗功能

看门狗（WatchDog，WD）常用来控制监控程序的执行。F2833x/2823x 的看门狗模块与 F240x 和 F281x 类似，只要 8 位的看门狗计数器达到其最大值，该模块就会产生中断或使处理器复位。为避免以上情况发生，用户必须禁用计数器或在程序中按时把 0x55 和 0xAA 两个数据先后写入看门狗的关键字寄存器（"喂狗"），使看门狗计数器复位。图 4-1 是看门狗模块的功能框图。

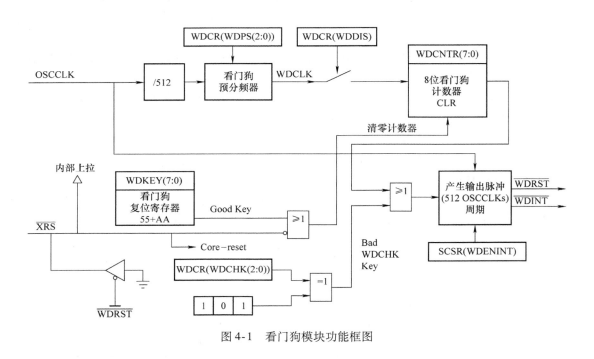

图 4-1　看门狗模块功能框图

2. 看门狗时钟

外部的振荡时钟信号（OSCCLK）经过 512 分频器后，再经过看门狗分频器 WDPS（2：0）分频产生 WDCLK 信号，即看门狗时钟信号。

如果看门狗控制寄存器 WDCR 中的 WDDIS 位为 0，则 WDCLK 将作为看门狗计数寄存器 WDCNTR 的计数时钟，使其计数。当该 8 位计数器达到其最大值时，看门狗会产生一输出脉冲$\overline{\text{WDRST}}$或$\overline{\text{WDINT}}$中断信号（其宽度为 512 个 OSCCLK 时钟周期）。

3. 看门狗复位、中断模式

看门狗计数器达到最大值时，看门狗将输出复位信号$\overline{\text{WDRST}}$或中断信号$\overline{\text{WDINT}}$。前者将引起芯片复位，后将发出中断请求。

（1）复位模式

如果看门狗配置为复位设备，则看门狗计数器达到最大值时，将输出$\overline{\text{WDRST}}$信号，该信号将芯片的复位引脚$\overline{\text{XRS}}$拉低并维持 512 个 OSCCLK 周期。

（2）中断模式

如果看门狗配置为请求中断，则看门狗计数器达到最大值时，$\overline{\text{WDINT}}$信号被拉低并维持 512 个 OSCCLK 周期；若在 PIE 中使能了该中断，则 WAKEINT 将被 PIE 响应。看门狗中断由$\overline{\text{WDINT}}$信号的下降沿触发，因此若在$\overline{\text{WDINT}}$信号变成无效之前，又使能了 WAKEINT 中断，程序将不会立即进入下一个 WAKEINT 中断；下一个 WAKEINT 中断将在下一次看门狗溢出时发生。

若$\overline{\text{WDINT}}$仍然有效时，将看门狗从中断模式配置成复位模式，则会立即引起设备复位。在将看门狗重新配置为复位模式之前，可通过读取 SCSR 寄存器的 WDINTS 位来判断$\overline{\text{WDINT}}$信号当前是否处于有效状态。

4. 低功耗模式下看门狗操作

在 STANDBY 模式下，除看门狗模块继续工作外，所有片内外设时钟均关闭，因为看门狗模块是以 OSCCLK 作为时钟源。$\overline{\text{WDINT}}$信号连接到了低功耗模式（LPM）模块，若该中断使能，则可用来将设备从 STANDBY 中唤醒。

在 IDLE 模式下，$\overline{\text{WDINT}}$可向 CPU 发送中断请求使 CPU 退出 IDLE 模式。看门狗中断连接到了 PIE 模块中的 WAKEINT 中断。

在 HALT 模式下，振荡器和 PLL 均关闭，所以看门狗不工作。

4.2.2　看门狗寄存器

1. 系统控制和状态寄存器（SCSR）

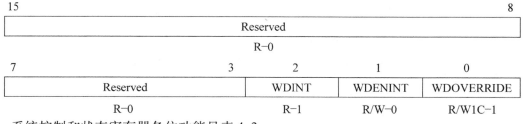

系统控制和状态寄存器各位功能见表 4-3。

表 4-3　系统控制和状态寄存器（SCSR）各位功能描述

位	字段	功能描述
15 ~ 3	Reserved	保留
2	WDINT	看门狗中断状态位。WDINTS 反映看门狗模块的$\overline{\text{WDINT}}$信号的当前状态，WDINTS 在$\overline{\text{WDINT}}$状态之后的 2 个 SYSCLKOUT 周期 如果看门狗中断用于 IDLE 和 STANDBY 低功耗模式中唤醒设备，在回到 IDLE 和 STANDBY 低功耗模式之前使用此位可以使$\overline{\text{WDINT}}$没有作用 　0：$\overline{\text{WDINT}}$起作用；　　1：$\overline{\text{WDINT}}$不起作用

（续）

位	字段	功能描述
1	WDENINT	看门狗中断使能位 0：看门狗复位（$\overline{\text{WDRST}}$）输出信号被使能，看门狗中断（$\overline{\text{WDINT}}$）输出信号被禁止（默认复位状态）。当看门狗中断产生时，$\overline{\text{WDRST}}$信号在 512 个 OSC-CLK 周期内保持为低；当$\overline{\text{WDINT}}$为低时，WDENINT 位被清除，一个复位将立即产生。通过读取 WDINTS 位决定$\overline{\text{WDINT}}$信号的状态 1：看门狗复位（$\overline{\text{WDRST}}$）输出信号被禁止，看门狗中断（$\overline{\text{WDINT}}$）输出信号被使能（默认复位状态）。当看门狗中断产生时，$\overline{\text{WDINT}}$信号在 512 个 OSC-CLK 周期内保持为低；如果看门狗中断用于 IDLE 和 STANDBY 低功耗模式中唤醒设备，在回到 IDLE 和 STANDBY 低功耗模式之前使用此位可以使$\overline{\text{WDINT}}$没有作用
0	WDOVERRIDE	看门狗受保护位 0：写 0 没有影响。当该位被清除时，该位将保持此状态直到下一个复位发生。该位的当前状态可以被用户读取 1：可以改变看门狗控制寄存器（WDCR）中看门狗禁止位的状态。如果通过写 1 清除了该位，则不能修改 WDDIS 位

2. 看门狗计数寄存器（WDCNTR）

看门狗计数寄存器的各位功能见表 4-4。

表 4-4 看门狗计数寄存器（WDCNTR）各位功能描述

位	字段	功能描述
15 ~ 8	Reserved	保留
7 ~ 0	WDCNTR	这些位为看门狗计数器的当前值。8 位计数器根据看门狗时钟（WD-CLK）连续递增，如果计数器溢出，那么看门狗发出一个复位信号，如果向 WDKEY 寄存器写一个有效组合，那么计数器将清零，看门狗的时钟基准由 WDCR 寄存器配置

3. 看门狗复位关键字寄存器（WDKEY）

```
15                          8 7                          0
┌─────────────────────────┬─────────────────────────┐
│        Reserved          │         WDKEY            │
└─────────────────────────┴─────────────────────────┘
          R-0                        R/W-0
```

看门狗复位关键字寄存器的各位功能见表 4-5。

SET 寄存器的任何位写 0 均无效。

（3） GPxCLEAR

GPxCLEAR 寄存器用来将特定 GPIO 引脚驱动为低电平，而不干扰其他引脚。如果引脚被配置成通用 I/O 输出功能，向 GPxCLEAR 寄存器中的相应位写 1，将会使输出锁存清零，并且引脚输出低电平。如果引脚没有被配置成 GPIO 输出，那么值将会被锁存，但是引脚不被驱动。只有之后再将引脚配置成 GPIO 输出时，锁存的值才能被驱动到引脚上。向 GPx-CLEAR 寄存器的任何位写 0 均无效。

（4） GPxTOGGLE

GPxTOGGLE 寄存器用来将特定 GPIO 引脚驱动为相反的电平，而不干扰其他引脚。如果引脚被配置成通用 I/O 输出功能，然后向 GPxTOGGLE 寄存器中相应位写 1，将会使输出锁存值翻转，并且引脚输出相反电平。如果引脚没有被配置成 GPIO 输出，那么值将会被锁存，但是引脚不被驱动。只有之后再将引脚配置成 GPIO 输出时，锁存的值才能被驱动到引脚上。向 GPxTOGGLE 寄存器的任何位写 0 均无效。

3. 输入限制

用户可以通过配置 GPAQSEL1，GPAQSEL2，GPBQSEL1 和 GPBQSEL2 寄存器来选择 GPIO 引脚的输入限制类型。对于一个 GPIO 输入引脚，输入限制可以仅被指定为与 SYSCLKOUT 同步或采样窗限制；而对于配置为外设输入的引脚，除同步于 SYSCLKOUT 或采样窗限制之外，还可以是异步的。

（1） 无同步（输入异步）

该模式用于外设不需要输入同步或是外设自己能够提供同步的情况。例如通信端口 SCI、SPI、eCAN 和 I^2C。ePWM 错误输入信号也要求独立于 SYSCLKOUT。如果引脚作为通用 GPIO 输入引脚使用，则异步选项是无效的，且输入限制默认为与 SYSCLKOUT 同步。

（2） 仅与 SYSCLKOUT 同步

引脚在复位时默认的限制模式。该模式下，输入信号仅与 SYSCLKOUT 同步。因输入信号是异步的，故需一个 SYSCLKOUT 的延迟，DSP 的输入才发生改变。

（3） 用采样窗限制

信号首先与系统时钟 SYSCLKOUT 同步，然后在输入允许变化之前使用特定个数的系统时钟周期作为输入限制。

该类型的限制中需要指定两个参数：采样周期（信号多久被采样一次）和要采样的点数。

1） 采样周期。由 GPxCTRL 寄存器中的 QUALPRDn 来确定，其同时对一组 8 个引脚输入信号的采样周期进行配置，例如，GPIO0 ~ GPIO7 的采样周期由 GPACTRL ［QUALPRD0］配置，GPIO8 ~ GPIO15 的采样周期由 GPACTRL ［QUALPRD1］ 配置。

2） 采样点数。由限制选择寄存器 GPxQSELn（GPAQSEL1、GPAQSEL2 和 GPBQSEL1、GPBQSEL2）配置，可以配置为 3 或是 6。当输入在 3 个或 6 个连续采样点内均相同时，输入信号才被 DSP 认可。

图 4-3 给出了使用采样窗口对输入信号进行限制的原理图，图 4-4 显示了输入限制消除噪声的过程。在图 4-4 中 QUALPRD = 1，GPxQSELn = 10，噪声（A）的时间宽度小于输入限制所设定的采样窗宽度，因此被自动滤除。

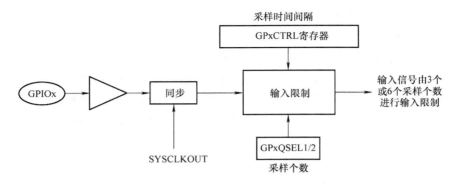

图 4-3　采用采样窗对输入信号进行限制原理图

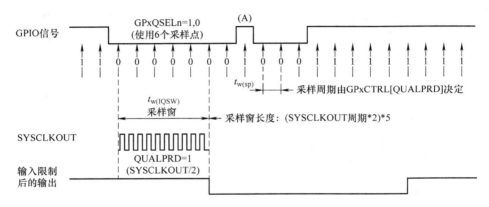

图 4-4　输入限制消除噪声的过程

4.3.3　GPIO 寄存器

1. GPIO 复用寄存器（GPxMUXn）

有 3 组不同的外设功能与通用输入/输出端口（GPIO）复用，表 4-10、表 4-11 和表 4-12 分别为 GPIOA MUX 寄存器、GPIOB MUX 寄存器和 GPIOC MUX 寄存器各位功能表。

表 4-10　GPIOA MUX 寄存器

寄存器位序	（默认）复位时第 1 位 I/O 功能	外设选择 1	外设选择 2	外设选择 3
GPAMUX1 寄存器位	GPAMUX1 位 = 00	GPAMUX1 位 = 01	GPAMUX1 位 = 10	GPAMUX1 位 = 11
1, 0	GPIO0	EPWM1A（O）	保留	保留
3, 2	GPIO1	EPWM1B（O）	eCAP6（I/O）	MFSRB（I/O）
5, 4	GPIO2	EPWM2A（O）	保留	保留
7, 6	GPIO3	EPWM2B（O）	eCAP5（I/O）	MCLKRB（I/O）
9, 8	GPIO4	EPWM3A（O）	保留	保留
11, 10	GPIO5	EPWM3B（O）	MFSRA（I/O）	eCAPI（I/O）
13, 12	GPIO6	EPWM4A（O）	EPWMSYNCI（I）	EPWMSYNCO（O）
15, 14	GPIO7	EPWM4B（O）	MCLKRA（I/O）	eCAP2（I/O）

4.4　中断与中断管理单元

4.4.1　中断概述

中断可认为是由外部或内部单元产生的"同步事件"。事件产生后，处理器会"中断"当前程序转而执行该事件的"服务程序"。"服务程序"执行完毕后，程序从刚才的"断点"处接着执行。

F2833x 的 CPU 级中断有 16 个，如图 4-5 所示，其中两个称为"不可屏蔽中断"（Reset、NMI）；剩余 14 个称为"可屏蔽中断"，也就是说，允许用户"使能或禁止"这 14 个中断。

"1"表示使能，"0"表示禁止。将用户希望的"屏蔽字"写入 CPU 的 IER 寄存器后，就可使能或禁止这 14 个可屏蔽中断。然而对于不可屏蔽中断，我们不能"禁止"，只能无条件地执行。因此不可屏蔽中断的优先级最高，常用于安全考虑及系统的紧急停止。

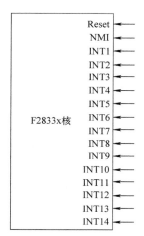

图 4-5　包含的 16 个 CPU 级中断

4.4.2　中断系统的结构

F2833x 的中断源简单可以分为片内中断源和片外中断源。

片内中断源由片内的软硬件事件产生，比如 3 个 CPU 定时器、各个外设（如 eCAP、ePWM、看门狗等）以及一些用户自定义的中断事件。

片外中断源一般是与 DSP 的引脚联系在一起，在特定引脚上检测到一定长度的脉冲或捕获到电平的跳变，就会产生中断标志事件，比如 XINT1 ~ XINT7 外部触发中断引脚、XRS 引脚（产生复位事件）、XNMI_XINT13（不可屏蔽中断）等。

由于 DSP 片上外设的中断事件种类繁多（比如一个 ePWM 模块中的定时器就可以包含上溢、周期、比较等多种中断）。为了实现对众多外设中断的有效管理，F28335 的中断系统采用了外设级、PIE 级和 CPU 级三级管理机制，用一个简图来表示这些中断源的处理方法，如图 4-6 所示。

1. 外设级

外设级中断是指 F28335 片上各种外设产生的中断。F28335 片上的外设有多种，每种外设可以产生多种中断。目前这些中断包括外设中断、看门狗与低功耗模式唤醒共享中断、外部中断（XINT1 ~ XINT7）及定时器 0 中断，共 56 个。

2. PIE 级

PIE 模块分成 INT1 ~ INT12（共 12 组，每组最多支持 8 个外设中断），每组占用一个 CPU 级中断。例如，第 1 组占用 INT1 中断，第 2 组占用 INT2 中断，…，第 12 组占用 INT12 中断（注意，定时器 T1 和 T2 的中断及非屏蔽中断 NMI 直接连到了 CPU 级，没有经

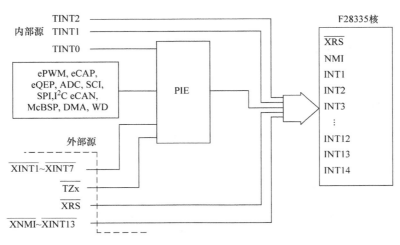

图 4-6　中断源处理方法示意图

PIE 模块的管理）。外设中断分组见表 4-21。

3. CPU 级

CPU 级包括通用中断 INT1 ～ INT14、数据标志中断 DLOGINT 和实时操作系统中断 TOSINT，这 16 个中断组成了可屏蔽中断。可屏蔽中断能够用软件加以屏蔽或使能。

除可屏蔽中断外，F28335 还配置了非屏蔽中断，包括硬件中断 NMI 和软件中断。非屏蔽中断不能用软件进行屏蔽，发生中断时 CPU 会立即响应并转入相应的服务子程序。

表 4-21　FQ28335 外设中断分组

CPU 中断	PIE 中断							
	INTx. 8	INTx. 7	INTx. 6	INTx. 5	INTx. 4	INTx. 3	INTx. 2	INTx. 1
INT1	WAKEINT	TINT0	ADCINT	XINT2	XINT1	保留	SEQ2INT	SEQ1INT
INT2	保留	保留	EPWM6 _ TZINT	EPWM5 _ TZINT	EPWM4 _ TZINT	EPWM3 _ TZINT	EPWM2 _ TZINT	EPWM1 _ TZINT
INT3	保留	保留	EPWM6 _ INT	EPWM5 _ INT	EPWM4 _ INT	EPWM3 _ INT	EPWM2 _ INT	EPWM1 _ INT
INT4	保留	保留	ECAP6 _ INT	ECAP5 _ INT	ECAP4 _ INT	ECAP3 _ INT	ECAP2 _ INT	ECAP1 _ INT
INT5	保留	保留	保留	保留	保留	保留	EQEP2 _ INT	EQEP1 _ INT
INT6	保留	保留	MXINTA	MRINTA	MXINTB	MRINTB	SPITXINTA	SPIRXINTA
INT7	保留	保留	DINTCH6	DINTCH5	DINTCH4	DINTCH3	DINTCH2	DINTCH1
INT8	保留	保留	SCITXINTC	SCIRXINTC	保留	保留	I2CINT2A	I2CINT1A
INT9	保留	保留	ECAN1INT （CAN）	ECAN0INT （CAN）	SCIRXINTB （SCI－B）	SCIRXINTB （SCI－B）	SCITXINTA （SCI－A）	SCIRXINTA （SCI－A）
INT10	保留	保留	保留	保留	保留	保留	保留	保留
INT11	保留	保留	保留	保留	保留	保留	保留	保留
INT12	LUF	LVF	保留	XINT7	XINT6	XINT5	XINT4	XINT3

4.4.3　可屏蔽中断处理

1. 可屏蔽中断工作流程

图 4-7 所示为可屏蔽中断的流程示意图，按从内核到中断源的顺序更容易解释中断处理

流程。INTM 是主中断开关，此开关必须闭合才能使中断传播至内核。再往外一层是中断使能寄存器，相应的中断线路开关必须闭合才能使中断通过。当中断发生时，中断标志寄存器置位。

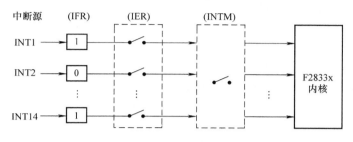

图 4-7　可屏蔽中断流程示意图

内核中断寄存器由中断标志寄存器、中断使能寄存器和中断全局掩码位组成。注意，中断全局掩码位启用时为 0，禁用时为 1。中断使能寄存器通过对掩码值执行"或运算"和"与运算"来管理。

IER │ = 0x0008；　　　　//将 IER 中第 4 位置位,使能 INT4 中断

IER & = 0xFFF7；　　　　//将 IER 中第 4 位清零,屏蔽 INT4 中断

当某外设中断请求通过 PIE 模块发送到 CPU 级时，IFR 中与该中断相关的标志位 INTx 就会置位（如 T0 的周期中断 TINT0 的请求到达 CPU 级时，IFR 中的标志位 INT1 就会被置位）。此时 CPU 并不马上进行中断服务，而是要判断 IER 寄存器允许位 INT1 是否已经使能，并且 CPU 寄存器 ST1 中的全局中断屏蔽位 INTM 也要处于非禁止状态（INTM 为 0）。如果 IER 中的允许位 INT1 被置位，并且 INTM 的值为 0，则该中断申请就会被 CPU 响应。

2. CPU 级中断相关寄存器

CPU 级中断设置有中断标志寄存器 IFR、中断使能寄存器 IER 和调试中断使能寄存器 DBGIER。IFR、IER 和 DBGIER 寄存器格式类似，如下：

15	14	13	12		0
RTOSINT	DLOGINT	INT14	INT13	...	INT1
R/W-0	R/W-0	R/W-0	R/W-0		R/W-0

中断标志寄存器 IFR 寄存器的某位为 1，表示对应的外设中断请求产生，CPU 确认中断及 DSP 复位时，相应的 IFR 清零；IER 寄存器的某位为 1，表示对应的外设中断使能；DB-GIER 寄存器的某位为 1，表示对应的外设中断的调试中断使能。

常用如下方式进行寄存器的置位和清零。

IFR │ = 0x0008；　　　　//将 IFR 中第 4 位置位

IFR & = 0xFFF7；　　　　//将 IFR 中第 4 位清零

IER │ = 0x0008；　　　　//将 IER 中第 4 位置位,即使能 INT4 中断

IER & = 0xFFF7；　　　　//将 IER 中第 4 位清零,即屏蔽 INT4 中断

ST1 寄存器位格式如下：

15~1	0
Reserved	INT1
R-0	R/W-0

INTM 用于使能/屏蔽总中断，且仅能通过汇编代码来修改 INTM。

asm（"CLRC INTM"）　　　　　;使能全局中断

asm（"SETC INTM"）　　　　　;禁止全局中断

3. 受 PIE 模块管理的可屏蔽中断的开启

1）设置中断向量。例如

PieVectTable. ADCINT = &ADC _ isr;

其中，ADC _ isr 为中断服务程序的名称。

2）使能 PIE 模块：PieCtrlRegs. PIECTRL. bit. ENPIE = 1;

3）使能 PIE 中对应外设的中断（对应 group 组中的相应位）。例如 PieCtrlRegs. PIEIER1. bit. INTx8 = 1; PieCtrlRegs. PIEIER1. bit. INTx6 = 1;

4）使能 CPU 的相应中断（INT1 ~ INT12）。IER | = M _ INT1;使能 INT1，其中，M _ INT1 = 0x0001。

5）使能 CPU 响应中断 EINT。其中，EINT 为 asm（"CLRC INTM"）。

4.4.4　非屏蔽中断处理

非屏蔽中断是指不能通过软件进行禁止和使能的中断，CPU 检测到有这类中断请求时会立即响应，并转去执行相应的中断服务子程序。F28335 的非屏蔽中断包括软件中断、硬件中断 NMI、非法指令中断 ILLEGAL 和硬件复位中断$\overline{XRS}$。

1. 软件中断

（1）INTR 指令

INTR 指令用于执行某个特定的中断服务程序。该指令可以避开硬件中断机制而将程序流程直接转向由 INTR 指令参数所对应的中断服务程序。指令的参数为 INT1 ~ INT14、DLOGINT、RTOSINT 和 NMI。例如：

INTR INT1　　　　　　　　　;直接执行 INT1 中断服务程序

（2）TRAP 指令

TRAP 指令用于通过中断向量号来调用相应的中断服务子程序。该指令的中断向量号的范围是 0 ~ 31。

TRAP #31　　　　　　　　　;触发 31 号中断

2. 非法指令中断

当 F28335 执行无效的指令时，会触发非法指令中断。若程序跳入非法中断，TI 公司并未给出具体的解决方案。建议读者在该中断服务程序使能看门狗加入死循环，从而触发软件复位。

```
interrupt void ILLEGAL _ 1SR( void)              //非法中断服务程序
{
    asm("          ESTOP0");
    EALLOW;
    SysCtrlRegs. WDCR = 0x002B;
    EDIS;
    while(1)
    {
```

```
//等待看门狗复位
    }
}
```

3. 硬件中断 NMI

NMI 中断与 XINT13 共用引脚。若使用非屏蔽中断，需要将控制寄存器 XNMICR 的D0 = 1。但 D0 = 1，表明 NMI 和 INT13 都可能发生，具体的配置见表4-22。

表 4-22　NMI 和 INT13 中断配置表

D0	D1	NMI	INT13	Timestamp
0	0	Disabled	CPU Timer 1	None
0	1	Disabled	XNMI _ XINT13 pin	None
1	0	XNMI _ XINT13 pin	CPU Timer 1	XNMI _ XINT13 pin
1	1	XNMI _ XINT13 pin	XNMI _ XINT13 pin	XNMI _ XINT13 pin

Timestamp 表示时间戳。对于外部中断，可以利用 16 位的计数器记录中断发生的时刻，该计数器在中断发生时和系统复位时清零。

4. 硬件复位中断$\overline{XRS}$

硬件复位是 F28335 中优先级最高的中断。硬件复位发生后，CPU 会转到 0x3F FFC0 地址去取复位向量，执行引导程序。

4.4.5　外设中断扩展模块（PIE）

1. PIE 模块的结构

F2833x 设置了一个专门对外设中断进行分组管理的 PIE 模块，F2833x 所构成的三级中断结构如图 4-8 所示。

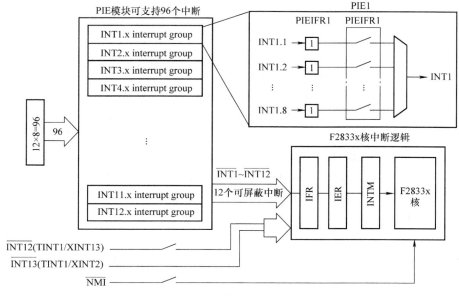

图 4-8　F2833x 所构成的三级中断结构示意图

外设中断一共分为 12 组，每组支持 8 个中断，因此 F2833x 共支持 96 个中断。

　　若只讨论 PIE 的工作流程，则将图 4-8 可提炼成图 4-9 的形式。

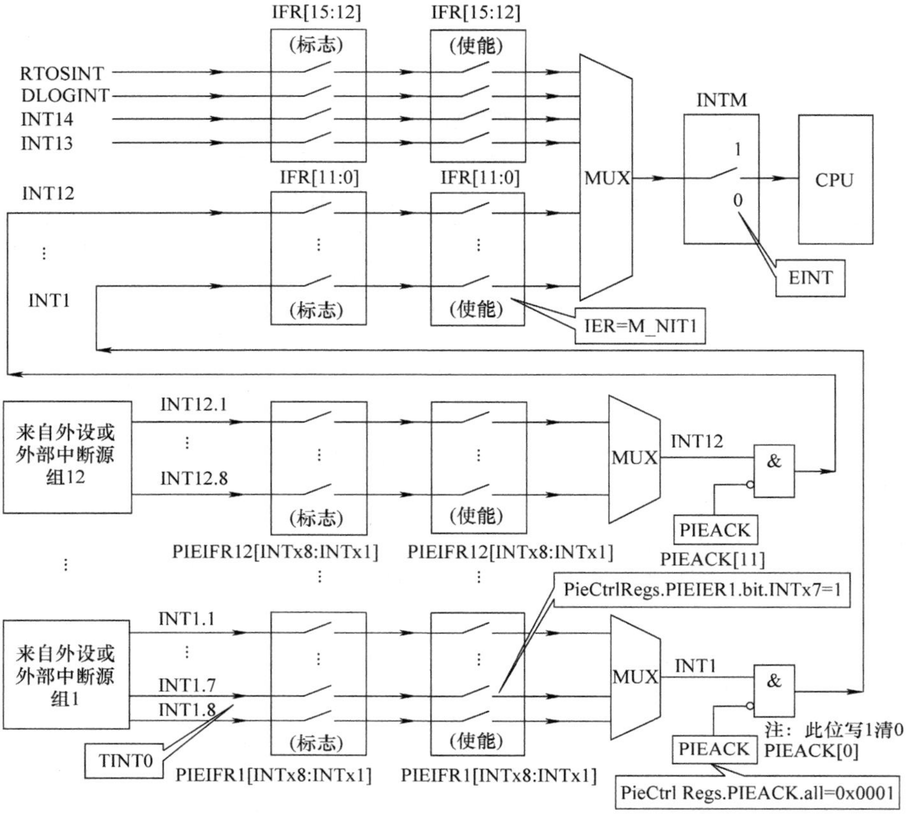

图 4-9　PIE 的工作流程图

　　PIE 模块的每组都有一个中断标志寄存器 PIEIFRx（x = 1，2，…，12）和中断使能寄存器 PIEIERx。每个寄存器的低 8 位对应 8 个外设中断（高 8 位保留）。此外，设有一个中断响应寄存器 PIEACK，它的低 12 位（bit11 ~ bit0）分别对应 INT1 ~ INT12。

　　如 TINT0 中断响应时，PIEACK 寄存器的 bit0（即 ACK1，对应 INT1 组）就会被置位（封锁本组的其他中断），并且一直保持到应用程序清除这个位。在 CPU 响应 TINT0 过程中，ACK1 一直为 1，这时如果 PIE1 组内发生其他的外设中断，则暂时不会被 PIE 送给 CPU，必须等到 ACK1 被清 0。ACK1 被清 0 后，若该中断请求还存在，那么 PIE 模块就会将新的中断请求送至 CPU。所以，每个外设中断响应后，一定要对 PIEACK 的相关位进行"写 1 清 0"，否则同组内的其他中断都不会被响应。

　　PIE 寄存器的使用方法如下：

PieCtrlRegs. PIEIFR1. bit. INTx4 = 1；　　　//手动设置 PIE1 组中的 IFR 标志位
PieCtrlRegs. PIEIER3. bit. INTx5 = 1；　　　//使能 PIE3 组的 CAPINT 中断
PieCtrlRegs. PIEACK. all = 0x0004；　　　　//响应 PIE3 组中断
PieCtrlRegs. PIECTRL. bit. ENPIE = 1；　　　//使能 PIE 级中断

2. 中断向量和中断向量表

　　CPU 中断向量是 22 位，它是中断服务程序的入口地址。F2833x 支持 32 个 CPU 中断向量（包括复位向量）。每个 CPU 中断向量占 2 个连续的存储器单元。低地址保存中断向量的低 16 位，高地址保存中断向量的高 6 位。当中断被确定后，22 位（高 10 位忽略）的中断向量会被取出并送往 PC。

32 个 CPU 中断向量占据了 64 个连续的存储单元，形成了 CPU 中断向量表。CPU 中断向量见表 4-23。

表 4-23　F28335 的 CPU 中断向量和优先级

向量	绝对地址		硬件优先级	说　　明
	VMAP = 0	VMAP = 1		
RESET	00 0000	3F FFC0	1（最高）	复位
INT1	00 0002	3F FFC2	5	可屏蔽中断 1
INT2	00 0004	3F FFC4	6	可屏蔽中断 2
⋮	⋮	⋮	⋮	
INT14	00 001C	3F FFDC	18	可屏蔽中断 14
DLOGINT	00 001E	3F FFDE	19（最低）	可屏蔽数据标志中断
RTOSINT	00 0020	3F FFED	4	可屏蔽实时操作系统中断
保留	00 0022	3F FEE2	2	保留
NMI	00 0024	3F FFE4	3	非屏蔽中断
ILLEGAL	00 0026	3F FFE6		非法指令捕获
USER1	00 0028	3F FFE8		用户定义软中断
⋮	⋮	⋮		⋮
USER12	00 003E	3F FFFE		用户定义软中断

向量表的映射由以下几个模式控制位进行控制：

1）VMAP，状态寄存器 ST1 的 bit3，VMAP 的复位值默认为 1。该位可以由 SETC VMAP 指令进行置 1，由 CLRC VMAP 指令清 0。

2）M0M1MAP，状态寄存器 ST1 的 bit11，复位值默认为 1。该位可以由 SETC M0M1MAP 指令进行置 1，由 CLRC M0M1MAP 指令清 0。

3）ENPIE，PIECTRL 寄存器的 bit0，复位值默认为 0，即 PIE 处于禁止状态。可以对 PIECTRL 寄存器（地址 00 0CE0H）进行修改。

CPU 中断向量表可以映射到存储空间的 4 个不同位置，见表 4-24。

表 4-24　中断向量表映射配置表

向量表	向量获取位置	地址范围	VMAP	M0M1MAP	ENPIE
M1 向量表	M1SARAM	0x000000 ~ 0x00003F	0	0	x
M0 向量表	M0SARAM	0x000000 ~ 0x00003F	0	1	x
BROM 向量表	片内 BROM	0x3FFFC0 ~ 0x3FFFFF	1	x	0
PIE 向量表	PIE 存储区	0x000D00 ~ 0x000DFF	1	x	1

注：M1 和 M0 向量表保留用于 TI 公司的产品测试。

系统上电复位时，ENPIE = 0；VMAP = 1；M0M1MAP = 1；OBJMODE = 0；AMODE = 0，

因此复位向量总是取自 BROM 向量表（实际上该区仅用到复位向量）。

PIE 模块用于外设的中断管理，复位后用户需完成 PIE 中断向量表的初始化。当 VMAP = 0，ENPIE = 1 时，PIE 中断向量映射如图 4-10 所示。

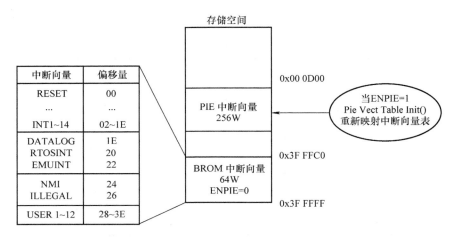

图 4-10　BROM 向量表（复位时默认的中断向量表）

地址 0x00 0D40 ~ 0x00 0DFF 用于 PIE 的空间扩展，每一个中断向量（PIEINT1.1 ~ PIEINT12.8）的地址均为 32 位。使能 PIE 后的中断向量见表 4-25。

表 4-25　使能 PIE（ENPIE = 1）后的中断向量指向

中断名称	PIE向量地址	说　　明
Reserved	0x00 0D00	复位向量
INT1	0x00 0D02	INT1 重新映射到下列的 PIE 组
⋮	⋮	INTx 重新映射到下列的 PIE 组
INT12	0x00 0D18	INT12 重新映射到下列的 PIE 组
INT13	0x00 0DIA	XINT13外部中断或CPU定时器1(RTOS)
INT14	0x00 0DIC	CPU定时器2(RTOS)
DATALOG	0x00 0DID	CPU数据标志中断
⋮	⋮	⋮
USER12	0x00 0D3E	用户自定义中断12
INT1.1	0x00 0D40	PIEINT1.1中断向量
⋮	⋮	⋮
INT1.8	0x00 0D4E	PIEINT1.8中断向量
⋮	⋮	⋮
INT12.1	0x00 0DF0	PIEINT12.1中断向量
⋮	⋮	⋮
INT12.8	0x00 0DFE	PIEINT12.8中断向量

上电复位时，PIE 中断向量表没有任何内容，程序初始化时需要对它进行修改。读者可将 TI 提供的 DSP2833x _ PieVect. c 文件加到自己的工程中进行调用。PIE 使能后，TRAP#1 取 INT1. 1 向量，TRAP#2 取 INT1. 2 向量，依次类推。

综上，DSP 复位后直至开始运行主函数的示意图如图 4-11 所示。

3. PIE 相关寄存器

表 4-26 和表 4-27 分别给出 CPU 中断使能寄存器 IER、CPU 中断标志位寄存器 IFR 的各

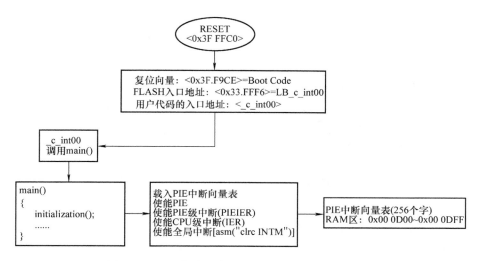

图 4-11　DSP 复位后直至开始运行主函数的示意图

个位的相关描述。

表 4-26　CPU 中断使能寄存器 IER 的字段描述

位	字段	功能描述
15	RTOSINT	实时操作系统中断使能位。该位使 CPU RTOS 中断使能或禁止
14	DLOGINT	数据记录中断使能位。该位使 CPU 数据记录中断使能或禁止
13	INT14	中断 14 使能位。该位使 CPU 中断级 INT14 使能或禁止
12	INT13	中断 13 使能位。该位使 CPU 中断级 INT13 使能或禁止
11	INT12	中断 12 使能位。该位使 CPU 中断级 INT12 使能或禁止
10	INT11	中断 11 使能位。该位使 CPU 中断级 INT11 使能或禁止
9	INT10	中断 10 使能位。该位使 CPU 中断级 INT10 使能或禁止
8	INT9	中断 9 使能位。该位使 CPU 中断级 INT9 使能或禁止
7	INT8	中断 8 使能位。该位使 CPU 中断级 INT8 使能或禁止
6	INT7	中断 7 使能位。该位使 CPU 中断级 INT7 使能或禁止
5	INT6	中断 6 使能位。该位使 CPU 中断级 INT6 使能或禁止
4	INT5	中断 5 使能位。该位使 CPU 中断级 INT5 使能或禁止
3	INT4	中断 4 使能位。该位使 CPU 中断级 INT4 使能或禁止
2	INT3	中断 3 使能位。该位使 CPU 中断级 INT3 使能或禁止
1	INT2	中断 2 使能位。该位使 CPU 中断级 INT2 使能或禁止
0	INT1	中断 1 使能位。该位使 CPU 中断级 INT1 使能或禁止

表 4-27　CPU 中断标志寄存器 IFR 的字段描述

位	字段	功能描述
15	RTOSINT	实时操作系统标志。该位是 RTOS 中断的标志位。0：没有未处理的 RTOS 中断；1：至少有 1 个 RTOS 中断未处理
14	DLOGINT	数据记录中断标志。该位是数据记录中断的标志

（续）

位	字段	功能描述
13	INT14	中断 14 标志。该位是连接到 CPU 中断级 INT14 的中断标志
12	INT13	中断 13 标志。该位是连接到 CPU 中断级 INT13 的中断标志
11	INT12	中断 12 标志。该位是连接到 CPU 中断级 INT12 的中断标志
10	INT11	中断 11 标志。该位是连接到 CPU 中断级 INT11 的中断标志
9	INT10	中断 10 标志。该位是连接到 CPU 中断级 INT10 的中断标志
8	INT9	中断 9 标志。该位是连接到 CPU 中断级 INT9 的中断标志
7	INT8	中断 8 标志。该位是连接到 CPU 中断级 INT8 的中断标志
6	INT7	中断 7 标志。该位是连接到 CPU 中断级 INT7 的中断标志
5	INT6	中断 6 标志。该位是连接到 CPU 中断级 INT6 的中断标志
4	INT5	中断 5 标志。该位是连接到 CPU 中断级 INT5 的中断标志
3	INT4	中断 4 标志。该位是连接到 CPU 中断级 INT4 的中断标志
2	INT3	中断 3 标志。该位是连接到 CPU 中断级 INT3 的中断标志
1	INT2	中断 2 标志。该位是连接到 CPU 中断级 INT2 的中断标志
0	INT1	中断 1 标志。该位是连接到 CPU 中断级 INT1 的中断标志

表 4-28 给出了 PIE 控制器的寄存器。

PIE 中断使能控制器如下：

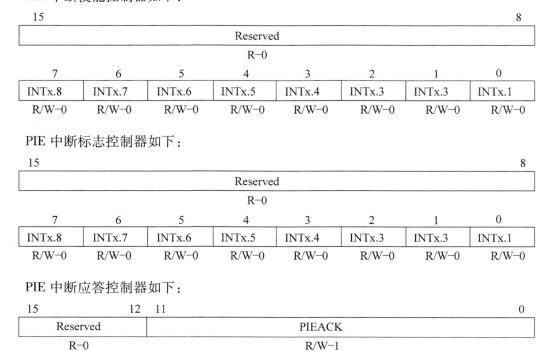

PIE 中断标志控制器如下：

PIE 中断应答控制器如下：

表 4-28 PIE 控制器的数据寄存器

名称	地址	大小（＊16）	功能描述
PIECTRL	0x00000CE0	1	PIE 控制寄存器
PIEACK	0x00000CE1	1	PIE 应答寄存器
PIEIER1	0x00000CE2	1	PIE, INT1 组使能寄存器
PIEIFR1	0x00000CE3	1	PIE, INT1 组标志寄存器
PIEIER2	0x00000CE4	1	PIE, INT2 组使能寄存器
PIEIFR2	0x00000CE5	1	PIE, INT2 组标志寄存器
PIEIER3	0x00000CE6	1	PIE, INT3 组使能寄存器
PIEIFR3	0x00000CE7	1	PIE, INT3 组标志寄存器
PIEIER4	0x00000CE8	1	PIE, INT4 组使能寄存器
PIEIFR4	0x00000CE9	1	PIE, INT4 组标志寄存器
PIEIER5	0x00000CEA	1	PIE, INT5 组使能寄存器
PIEIFR5	0x00000CEB	1	PIE, INT5 组标志寄存器
PIEIER6	0x00000CEC	1	PIE, INT6 组使能寄存器
PIEIFR6	0x00000CED	1	PIE, INT6 组标志寄存器
PIEIER7	0x00000CEE	1	PIE, INT7 组使能寄存器
PIEIFR7	0x00000CEF	1	PIE, INT7 组标志寄存器
PIEIER8	0x00000CF0	1	PIE, INT8 组使能寄存器
PIEIFR8	0x00000CF1	1	PIE, INT8 组标志寄存器
PIEIER9	0x00000CF2	1	PIE, INT9 组使能寄存器
PIEIFR9	0x00000CF3	1	PIE, INT9 组标志寄存器
PIEIFR10	0x00000CF4	1	PIE, INT10 组使能寄存器
PIEIFR10	0x00000CF5	1	PIE, INT10 组标志寄存器
PIEIER11	0x00000CF6	1	PIE, INT11 组使能寄存器
PIEIFR11	0x00000CF7	1	PIE, INT11 组标志寄存器
PIEIER12	0x00000CF8	1	PIE, INT12 组使能寄存器
PIEIFR12	0x00000CF9	1	PIE, INT12 组标志寄存器
Reserved	0x00000CFA 0x00000CFF	6	保留

如果 PIE 中断控制寄存器有中断产生，则相应的中断标志位将置 1。

如果相应的 PIE 中断使能位也置 1，则 PIE 将检查 PIE 中断应答寄存器 PIEACK 相应位，以确定 CPU 是否准备响应该中断。

如果相应的 PIEACK 位清 0，PIE 便向 CPU 申请中断；

如果相应的 PIEACK 位置 1，那么 PIE 将等待直到相应的 PIEACK 位清 0 才向 CPU 申请中断。

表 4-29 给出 PIE 控制寄存器 PIECTRL 的各位功能定义及该寄存器中各位的相关描述。

表 4-29 PIE 控制寄存器字段描述

位	字段	功能描述
15 ~ 1	PIEVECT	这些位表示从 PIE 向量表取回的向量地址。用户可以读取向量值，以确定取回的向量是由哪一个中断产生的
0	ENPIE	当该位置 1 时，所有向量取自 PIE 向量表；如果该位清 0，PIE 块无效，向量取自于引导 ROM 的 CPU 向量表或者 XINTF7 区外部接口

4.5　CPU 定时器单元

4.5.1　CPU 定时器的结构

DSP 为了能够准确地控制时间，以满足控制某些特定事件的要求，定时器是必不可少的。利用定时器产生的定时中断可以触发周期性的事件，如设定数字控制系统的采样周期、人机接口中键盘的扫描周期、显示器的刷新周期等。

以 TMS320F28335 为例，芯片内部有 3 个 32 位的 CPU 定时器——Timer0、Timer1 和 Timer2。TMS320F28335CPU 定时器的结构如图 4-12 所示。CPU 定时器 Timer0、Timer1 可以给用户使用，CPU 定时器 Timer2 留给实时操作系统（DSP/BIOS）。如果程序不使用 DSP/BIOS，那么 CPU 定时器 Timer2 可以在应用程序中使用。

CPU 定时器中断信号（TINT0，TINT1，TINT2）与 CPU 之间的连接如图 4-13 所示。

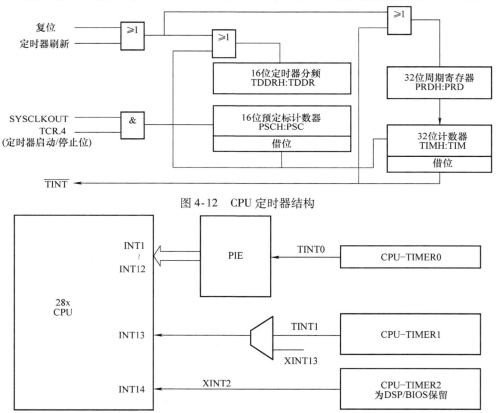

图 4-12　CPU 定时器结构

图 4-13　CPU 定时器中断信号和输出信号

从图 4-13 我们可以看出中断大致可以分为 3 类，其中 CPU 定时器 Timer0 在 DSP 的实际应用过程中被使用的频率最高，用来处理绝大多数的 DSP 软件编程所生成的中断，图 4-13 对应的还有一个 PIE 模块——专门用来处理外设中断的扩展模块，该模块用来管理各个外设的中断请求，这些内容在前面的中断系统中有了比较详细系统的介绍，这里就不再赘述。

CPU 定时器 Timer1 和外部中断（注意不是外设中断）共同构成了另外一类中断，该类中断基本上用来处理外部突发不可预测事件，使用的频率相对而言较少。CPU 定时器 Timer2 为 DSP/BIOS 保留，在 DSP 本身硬件固化后不可更改，用来处理 DSP 本身硬件问题，平时 DSP 编程过程中几乎用不到。

4.5.2　CPU 定时器的工作原理

在 CPU 定时器工作之前，先根据实际的需求，计算好 CPU 定时器周期寄存器的值赋值给周期寄存器 PRDH：PRD。当启动定时器开始计数时，周期寄存器 PRDH：PRD 里面的值装载进 32 位定时器计数寄存器 TIMH：TIM。计数寄存器 TIMH：TIM 里面的值每隔一个 TIMCLK 就减少 1，直到计数到 0，完成一个周期的计数。而 CPU 定时器这个时候就会产生一个中断信号。完成一个周期的计数后，在下一个定时器输入时钟周期开始时，周期寄存器 PRDH：PRD 里面的值重新装载入计数器寄存器 TIMH：TIM 中，周而复始地循环下去。图 4-14 为 CPU 定时器工作流程示意图。

其中 CPU 定时器对应有以下 4 个寄存器，32 位的定时器周期寄存器 PRDH：PRD，32 位的计数器寄存器 TIMH：TIM，16 位的定时器分频器寄存器 TDDRH：TDDR，16 位的预定标寄存器 PSCH：PSC。我们应该能够很容易注意到，这四个寄存器以"XH：X"的形式表达，这是因为对于 F2833x 的 DSP，其寄存器的位数是 16 位，而 CPU 定时寄存器的位数是 32 位，这样 DSP 系统就必须用 2 个寄存器有机地联合起来从而表达一个 CPU 定时寄存器，其中"XH"表达 CPU 定时寄存器的高 16 位，而"X"则对应 CPU 定时寄存器的低 16 位。

简而言之，CPU 定时器工作流程是一个：装载→计数减少→为 0 产生中断→装载的往复循环的过程。

4.5.3　定时器定时时间定量计算

CPU 定时器定时时间的计算非常的简单。DSP 的定时计数系统我们可以认为是一个两层计数系统，好比一个两位数，低位何时不够而向高位借位由定时器分频器寄存器 TDDRH：TDDR 来设定，高位何时不够而借位由定时器周期寄存器 PRDH：PRD 来设定，而定时器分频器寄存器 TDDRH：TDDR 的设定与定时器周期寄存器 PRDH：PRD 的设定是相互独立的。

假设系统时钟信号 SYSCLKOUT 的频率为 f（单位为 MHz）。我们首先可以将时间 TIMCLK（其含义如图 4-14 所示）计算出来。

如果定时器分频器寄存器 TDDRH：TDDR 的设定值记为 x（一个 32 位二进制数，然后转化为一个十进制数），则时间 TIMCLK 可由下面的计算公式得出：

$$\text{TIMCLK} = \frac{x+1}{f} \times 10^{-6}$$

这个时候如果再已知定时器周期寄存器 PRDH：PRD 的设定值为 y，则 CPU 定时器一个周期所计算的时间为

$$T = \frac{(x+1)(y+1)}{f} \times 10^{-6} = \text{TIMCLK} \times (y+1)$$

实际应用时，通常是已知要设定的时间 T 和 CPU 的系统时钟频率 f，来求出周器寄存器 PRDH：PRD 的值然后进行设定。

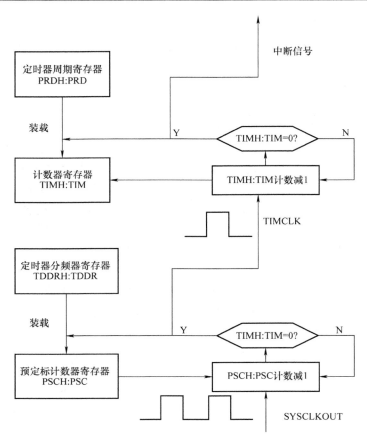

图 4-14　CPU 定时器工作流程示意图

4.5.4　CPU 定时器寄存器

1. CPU 定时器计数寄存器（TIMERxTIM 和 TIMERxTIMH，x = 0，1，2）

15	0
TIM	
R/W-0	

15	0
TIMH	

寄存器 TIMERxTIM 是定时计数寄存器的低 16 位，寄存器 TIMERxTIMH 是定时计数寄存器的高 16 位。表 4-30 是定时器计数寄存器的各位功能描述。

表 4-30　定时器计数寄存器（TIMERxTIM 和 TIMERxTIMH）各位功能描述

位	名　称	描　述
15 ~ 0	TIM 或 TIMH	（TIMH：TIM）组合成当前 32 位定时器的计数值。每经过（TDDRH：TDDR + 1）个 SYSCLKOUT 时钟周期，（TIMH：TIM）减 1，其中（TDDRH：TDDR）是定时器预定标分频值。当（TIMH：TIM）减到 0 时，将重新装载（PRDH：PRD）寄存器的值，同时产生定时器中断信号（TINT）

2. CPU 定时器周期寄存器（TIMERxPRD 和 TIMERxPRDH，x = 0，1，2）

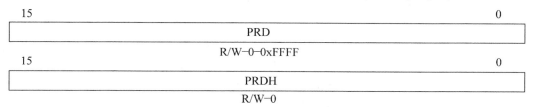

TIMERxPRD 是定时周期寄存器的低 16 位，TIMERxPRDH 是定时周期寄存器的高 16 位。表 4-31 是定时周期寄存器的各位功能描述。

表 4-31　定时周期寄存器（TIMERxPRD 和 TIMERxPRDH）各位功能描述

位	名　称	描　　述
15 ~ 0	PRD 或 PRDH	PRDH：PRD 寄存器存放当前 32 位定时器的周期值。当（TIMH：TIM）递减到 0 时，在下一个输入时钟（预定标计数器的输出时钟）周期开始之前，TIMH：TIM 重新装载 PRDH：PRD 寄存器的值；当将定时器控制寄存器（TCR）中的定时器重载位（TRB）置位时，TIMH：TIM 也会重新装载 PRDH：PRD 的值

3. CPU 定时器控制寄存器（TIMERxTCR，x = 0，1，2）

15	14	13　12	11	10	9　　　　6	5	4	3　　　　0
TIF	TIE	Reserved	FREE	SOFT	Reserved	TRB	TSS	Reserved
R/W-0	R/W-0	R-0	R/W-0	R/W-0	R-0	R/W-0	R/W-0	R-0

CPU 定时器控制寄存器的各位功能见表 4-32。

表 4-32　定时器控制寄存器（TIMERxTCR）各位功能描述

位	名称	值	描　　述
15	TIF	0 1	CPU 定时器中断标志位 CPU 定时器计数器还没递减至 0。向该位写 0 无效 CPU 定时器计数器递减至 0 时，该标志位置位。写 1 清除该位
14	TIE	0 1	CPU 定时器中断使能位 CPU 定时器中断禁止 CPU 定时器中断使能。若计时器减到 0 且 TIE 置 1，定时器发出中断请求
13，12	Reserved		保留
11，10	FREE SOFT	FREE SOFT 00 01 1x	CPU 定时器仿真模式位 这些位用来决定当高级语言调试过程中遇到断点时定时器的状态 定时器在下一个 TIMH：TIM 寄存器递减完成后停止 定时器将在 TIMH：TIM 寄存器递减到 0 后停止 定时器自由运行，不受影响
9 ~ 6	Reserved		保留
5	TRB	0 1	CPU 定时器重新装载位 读该位返回 0，向该位写 0 不起作用 向该位写 1，TIMH：TIM 寄存器重新装载 PRDH：PRD 寄存器的周期值，且预定标计数器 PSCH：PSC 装载定时器分频寄存器 TDDRH：TDDR 中的值

（续）

位	名称	值	描　　述
4	TSS	0 1	CPU 定时器停止状态位 若读该位为 0，表示定时器正在运行；将该位置 0，启动或重启 CPU 定时器。 复位时，TSS 被清零，并立即启动定时器 将该位置 1，停止 CPU 定时器
3 ~ 0	Reserved		保留

4. CPU 定时器预定标（分频）寄存器（TIMERxTPR 和 TIMERxTPRH，x = 0，1，2）

15	8	7	0
PSC		TDDR	
R—0		R/W—0	

15	8	7	0
PSCH		TDDRH	
R—0		R/W—0	

　　TIMERxTPR 是定时器预定标（分频）寄存器的低 16 位。其中，PSC 为 CPU 定时器预定标计数器低 8 位，TDDR 为 CPU 定时器预分频低 8 位；TIMERTPRH 是定时器预定标（分频）寄存器的高 16 位；PSCH 为 CPU 定时器预定标计数器高 8 位；TDDRH 为 CPU 定时器预分频高 8 位。表 4-33 是 CPU 定时器预定标（分频）寄存器的各位功能描述。

表 4-33　定时器预定标（分频）寄存器（TIMERxTPR 和 TIMERxTPRH）的各位功能描述

位	名称	描　　述
15 ~ 8	PSC 或 PSCH	CPU 定时器预定标计数器。对于每个时钟源周期，只要 PSCH：PSC 的值大于 0，PSCH：PSC 就会减 1。在 PSCH：PSC 值减到 0 后的一个定时器时钟周期，PSCH：PSC 重新装载 TDDRH：TDDR 中的内容，同时定时器计数寄存器 TIMH：TIM 减 1；当 TRB 位被软件置位时，PSCH：PSC 也会重新装载 TDDRH：TDDR 中的内容。PSCH：PSC 中的值只能被读取但不能直接设置。复位时，PSCH：PSC 被清零
7 ~ 0	TDDR 或 TDDRH	CPU 定时器分频寄存器。每经过 TDDRH：TDDR + 1 个定时器时钟源周期，定时器计数寄存器 TIMH：TIM 减 1。复位时，TDDRH：TDDR 位被清零

AdcRegs. ADCCHSELSEQ1. bit. CONV00 = 0x0;　　　//ADCINA0 ADCINB0
AdcRegs. ADCCHSELSEQ1. bit. CONV01 = 0x1;　　　//ADCINA1 ADCINB1
AdcRegs. ADCCHSELSEQ1. bit. CONV02 = 0x2;　　　//ADCINA2 ADCINB2
AdcRegs. ADCCHSELSEQ1. bit. CONV03 = 0x3;　　　//ADCINA3 ADCINB3
//按该方式 ADC 结果寄存器存放的数据
ADCINA0 − > ADCRESULT0　　　　　ADCINB0 − > ADCRESULT1
ADCINA1 − > ADCRESULT2　　　　　ADCINB1 − > ADCRESULT3
ADCINA2 − > ADCRESULT4　　　　　ADCINB2 − > ADCRESULT5
ADCINA3 − > ADCRESULT6　　　　　ADCINB3 − > ADCRESULT7

5.1.3　ADC 模块的校准

ADC 模块支持片上采样偏移校正,芯片出厂时已将该程序 ADC _ Cal ( ) 固化在 ROM 中。ADC _ Cal ( ) 采用特定校正数据对 ADCREFSEL 与 ADCOFFTRIM 寄存器进行初始化。

采样偏移校正原理:预先把 AD 采样偏移量放于 ADCOFFTRIM 寄存器中,再将 AD 转换结果加上该值后 送到结果寄存器 ADCRESULTn。校正操作在 ADC 模块中 进行,时序不受影响。对于任何校正值,均能保证全采 样范围内有效。为了获得采样偏移量,可将 ADCLO 信 号接到任意一个 ADC 通道,转换该通道再修正 AD-COFFTRIM 的寄存器值,直到转换结果接近于零为止。

如图 5-4 所示,负偏差校正时,起始多数转换结果 为 0。OFFTRIM 寄存器写入 40,若所有转换结果为正且 平均为 25,则最终写入 OFFTRIM 的值为 15;正偏差校 正时,起始多数转换结果为正。若平均为 20,则写入 OFFTRIM 的值为 − 20。

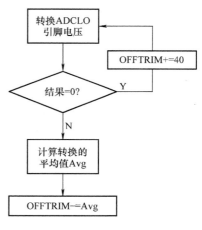

图 5-4　ADC 校准流程图

5.1.4　ADC 寄存器

1. ADC 控制寄存器

ADC 具有 3 个控制寄存器,用来配置 ADC 模块的采样频率、工作模式、中断等操作。
(1) ADC 控制寄存器 1 (ADCTRL1)

15	14	13		12	11			8
Reserved	RESET	SUSMOD			ACQ_PS			
R−0	R/W=0	R/W=0			R/W=0			

7	6	5	4	3				0
CPS	CONT_RUN	SEQ_OVRD	SEQ_CASC	Reserved				
R/W=0	R/W=0	R/W=0	R/W=0	R−0				

16 位 ADC 控制寄存器 1 (ADCTRL1) 主要用于设置排序器操作模式、级联模式、ADC 的内核时钟频率、使能 ADC 的软件复位等。ADC 控制寄存器 1 的各位功能描述见表 5-1。

表 5-1　ADC 控制寄存器 1（ADCTRL1）各位功能描述

位	名称	值	描述
15	Reserved		保留位。读返回，写无效
14	RESET （ADC 模块软件复位位。该位可用于复位整个 ADC 模块。当芯片复位引脚被拉低（或上电复位），所有寄存器和排序器状态机都被复位到初始状态）	0	无效。系统复位默认状态
		1	复位整个 ADC 模块。该位被写为 1 后，立即自动清零，读该位总返回 0。同时，在 ADC 复位指令后，再经过 2 个时钟周期才能够对 ADC 控制寄存器的其他位进行修改
13，12	SUSMOD [1：0] （仿真悬挂模式位。这 2 位决定当仿真悬挂事件发生时，排序器执行的操作。例如，调试遇到断点，ADC 模块应如何操作）	00	模式 0，仿真器悬挂被忽略。系统复位默认状态
		01	模式 1，在当前排序转换完成后，排序器和其他环绕逻辑停止工作，最终转换结果被锁存，状态机被更新
		10	模式 2，在当前排序转换完成后，排序器和其他环绕逻辑停止工作，转换结果被锁存，状态机被更新
		11	模式 3，一旦仿真悬挂，排序器和其他环绕逻辑立即停止工作
11 ~ 8	ACQ _ PS [3：0] （采集时间窗大小设置位）		这 4 位控制转换启动脉冲（SOC）的宽度，反过来，决定采样开关的闭合多长时间。转换启动脉冲（SOC）宽度 = ADCLK 周期值 ×（寄存器 ADCTRL1 [11 ~ 8] 的值 +1）
7	CPS （内核时钟预分频器。该分频器用于分频外设时钟源 HSPCLK）	0	$ADCCLK = F_{clk}/1$ （F_{clk} 是经 ADCCLKPS [3：0]（ADCTRL3.4 − 1）和 CPS（ADCTRL1.7）共同决定的分频系数对 HSPCLK 分频后的时钟频率）
		1	$ADCCLK = F_{clk}/2$
6	CONT _ RUN （连续运行控制位。该位决定 ADC 模块工作在连续模式或启动停止模式。连续运行位。在当前转换序列执行期间，该位能被写，但只有在当前转换序列完成后才能生效，换句话说，软件可以置 1 或清 0 该位，直到排序结束发生才生效。在连续转换模式中，没有必要复位排序器。排序器必须在启动停止模式下复位，将转换器置于状态 CONV00）	0	启动停止模式。排序器收到排序结束信号后停止。在下一个转换启动信号到来时，排序器从所停止的状态开始工作直到排序器被复位。系统复位默认状态
		1	连续转换模式。在排序结束时，排序器的动作将依赖于 SEQ _ OVRD（ADCTRL1.5）的状态。如果 SEQ _ OVRD 位被清 0，则排序器回到初始复位状态 CONV00（对于 SEQ1 和级联排序器）或初始复位状态 CONV08（对于 SEQ2）；如果 SEQ _ OVRD 位被置位，排序器将从当前位置开始工作，而没有复位
5	SEQ _ OVRD （排序器过载位。在 MAX _ CONVn 设置的通道转换结束时，通过过载环绕不返回起点，在连续运行模式下提供额外的排序器灵活性）	0	禁用。允许排序器在 MAX _ CONVn 设定的通道转换结束时环绕返回起点。系统复位默认状态
		1	使能。在 MAX _ CONVn 设定的通道转换完成以后环绕不返回起点，仅在排序器排序结束后，返回起点

（续）

位	名称	值	描 述
4	SEQ _ CASC （排序器级联操作选择位）	0	双排序器模式。SEQ1 和 SEQ2 作为两个 8 通道排序器工作。系统复位默认状态
		1	级联运行模式。SEQ1 和 SEQ2 作为一个 16 通道排序器工作
3 ~ 0	Reserved		保留位。读返回 0，写无效

（2）ADC 控制寄存器 2（ADCTRL2）

15	14	13	12	11	10	9	8
ePWM _SOCB _SEQ	RST_ SEQ1	SOC_ SEQ1	Reserved	INT_ENA _SEQ1	INT_MOD _SEQ1	Reserved	ePWM_SOCA _SEQ1
R/W-0	R/W-0	R/W-0	R-0	R/W-0	R/W-0	R-0	R/W-0

7	6	5	4	3	2	1	0
EXT_SOC _SEQ1	RST_ SEQ2	SOC_ SEQ2	Reserved	INT_ENA _SEQ2	INT_MOD _SEQ2	Reserved	ePWM_SOCA _SEQ2
R/W-0	R/W-0	R/W-0	R-0	R/W-0	R/W-0	R-0	R/W-0

16 位 ADC 控制寄存器 2（ADCTRL2）主要用于设置排序器中断模式、使能排序器软件复位、使能转换启动触发源等。ADC 控制寄存器 2 的各位功能描述见表 5-2。

表 5-2 ADC 控制寄存器 2（ADCTRL2）各位功能描述

位	名称	值	描 述
15	ePWM _ SOCB _ SEQ （级联排序器的 ePWM _ SOCB 信号启动转换使能位。该位仅在级联模式下有效）	0	无效，无动作。系统复位默认状态
		1	该位被置 1 将允许 ePWM _ SOCB 信号启动级联排序器。能可编程启动 ePWM 模块对不同事件的转换
14	RST _ SEQ1 （复位排序器 1。写 1 立即复位排序器 1，将排序器复位为初始"预触发"状态，即在 CONV00 处等待触发）	0	无效，无动作
		1	立即复位排序器 1 指向 CONV00，当前的转换序列将被中止
13	SOC _ SEQ1 [排序器 1 转换启动（SOC）触发位。以下 4 种触发源可以将该位置 1： – S/W。软件向该位写 1 – ePWM _ SOCA – ePWM _ SOCB（只用于级联模式） – EXT。外部引脚，如 GPIOA（GPIO3 1 - 0）引脚用 GPIOxINT2SEL 寄存器中配置为 XINT2 引脚 当一个触发信号产生时，有 3 种可能情况： a. SEQ1 空闲，SOC 位被清 0。在仲裁控制下，SEQ1 立即启动转换。该位被置位后立即清 0，允许任何悬挂触发源的请求。 b. SEQ1 忙碌，SOC 位被清 0。该位被置 1 表示一个触发请求正被挂起。在 SEQ1 完成当前转换后，响应该触发请求开始转换，该位被清 0 c. SEQ1 忙碌，SOC 位被置 1。这种情况下任何触发信号被忽略（丢失）]	0	清除一个悬挂的 SOC 触发信号。 注意，如果排序器已经启动，该位将被自动清 0，因此写 0 到该位无效。即不能通过清 0 该位来停止一个已经启动的排序器
		1	软件触发。从当前停止的位置（即空闲模式）启动 SEQ1。注意：RST _ SEQ1 位（ADC-TRL2. 14）和 SOC _ SEQ1 位（ADCTRL2. 13）不能够在同一条指令中被置位。这将导致排序器复位位不是启动排序器。正确的操作是首先置位 RST _ SEQ1 位，然后在下一条指令中置位 SOC _ SEQ1 位。这将保证排序器有效复位，然后启动一个新的转换序列。这个操作顺序也同样适用于 RTS _ SEQ2 位（ADCTRL2. 6）和 SOC _ SEQ2 位（ADCTRL2. 5）

（续）

位	名称	值	描　　述
12	Reserved		保留位。读返回 0，写无效
11	INT _ ENA _ SEQ1 （SEQ1 中断使能位。该位使能 INT _ SEQ1 对 CPU 的中断请求）	0	由 INT _ SEQ1 引起的中断请求被禁用
		1	由 INT _ SEQ1 引起的中断请求被使能
10	INT _ MOD _ SEQ1 （SEQ1 中断模式。该位影响 SEQ1 转换序列结束时对 INT _ SEQ1 的设置）	0	在每个 SEQ1 序列结束时，INT _ SEQ1 被置 1
		1	在每隔一个 SEQ1 序列结束时，INT _ SEQ1 被置 1
9	Reserved		保留位。读返回 0，写无效
8	ePWM _ SOC A _ SEQ1 （SEQ1 的 ePWM _ SOCA 信号启动转换使能位）	0	SEQ1 不能被 ePWM _ SOCA 触发启动
		1	使能 ePWM _ SOCA 触发启动 SEQ1/SEQ。可编程启动 ePWM 模块对不同事件的转换
7	EXT _ SOC _ SEQ1 （SEQ1 的外部信号启动转换使能位）	0	无效
		1	使能 XINT2 引脚（即 XINT2 _ ADCSOC）来触发启动 SEQ1 的 ADC 自动转换排序（在 GPI-OXINT2SEL 寄存器中配置 GPIO A 口引脚 GPIO31 ~ 0 之一为 XINT2 引脚）
6	RST _ SEQ2 （复位排列器 2）	0	无效
		1	写 1 立即将排序器 2 复位至 "预触发" 状态，即在 CONV08 处等待触发。当前的有效转换序列将被中止
5	SOC _ SEQ2 ［排序器 2 的启动转换（SOC）触发位。只适用于双排序模式，级联模式下忽略。以下 2 种触发源可以将该位置位 1： ● S/W。软件向该位写 1 ● ePWM _ SOCB 当一个触发信号产生时，有 3 种可能情况： a. SEQ2 空闲，SOC 位为 0。在仲裁控制下，SEQ2 立即启动。该位被清零后，允许任何悬挂触发源的请求 b. SEQ1 忙碌，SOC 位为 0。该位被置 1 表示一个触发请求正被挂起。当 SEQ2 完成当前转换后响应该触发请求开始转换，该位被清 0 c. SEQ1 忙碌，SOC 位被置 1。这种情况下任何触发信号被忽略（丢失）］	0	写 0 清除一个悬挂的 SOC 触发 注意，如果排序器已经启动，该位将被自动清 0，因此写 0 无效，即不能通过清 0 该位来停止一个已经启动的排序器
		1	写 1 从当前停止位置（即空闲模式）启动 SEQ2
4	Reserved		保留位。清返回 0，写无效
3	INT _ ENA _ SEQ2 （SEQ2 中断使能位。该位使能 INT _ SEQ2 对 CPU 的中断请求）	0	由 INT _ SEQ2 引起的中断请求被禁用
		1	由 INT _ SEQ2 引起的中断请求被使能
2	INT _ MOD _ SEQ2 （SEQ2 中断模式。该位选择 SEQ2 中断模式。它将影响 SEQ2 转换序列结束时对 INT _ SEQ2 的设置）	0	INT _ SEQ2 在每个 SEQ2 序列转换结束时被置 1
		1	INT _ SEQ2 在每隔一个 SEQ2 序列转换结束时被置 1

（续）

位	名称	值	描　述
1	Reserved		保留位。读返回 0，写无效
0	ePWM＿SOCA＿SEQ2 （SEQ2 的 ePWM＿SOCB 触发使能位）	0	SEQ2 不能被 ePWM＿SOCB 触发启动
		1	允许 ePWM＿SOCB 触发 SEQ2。能可编程启动 ePWM 模块对不同事件的转换

（3）ADC 控制寄存器 3（ADCTRL3）

15	8	7	6	5	4	1	0
Reserved		ADCBGRFDN		ADCPWDN	ADCCLKPS		SMODE＿SEL
R–0		R/W–0		R/W–0	R/W–0		R/W–0

16 位 ADC 控制寄存器 3（ADCTRL3）主要用于设置 ADC 电源模式、时钟预分频模式等。ADC 控制寄存器 3 的各位功能描述见表 5-3。

表 5-3　ADC 控制寄存器 3（ADCTRL3）各位功能描述

位	名称	值	描　述
15 ~ 8	Reserved		保留位。读返回 0，写无效
7，6	ADCBGRFDN［1:0］ （ADC 模块带隙和参考电源控制。该 2 位控制模拟内核带隙和参考源电路的上电和掉电模式）	00	带隙和参考源电路掉电
		11	带隙和参考源电路上电
5	ADCPWDN （ADC 模块掉电位。该位控制芯片内核带隙和参考源以外的所有模拟电路的上电和掉电）	0	芯片内核除带隙和参考源以外的所有模拟电路掉电
		1	DSP 内核除带隙和参考源以外的所有模拟电路上电
4 ~ 1	ADCCLKPS［3:0］ （内核时钟分频器。28x 系列 DSP 的外设时钟 HSPCLK 被 2 × ADCCLKPS［3:0］分频，仅当 ADCCLKPS［3:0］为 0000 时，HSPCLK 直通。分频时钟可以进一步被 ADCTRL1［7］+1 分频，来产生 ADC 内核时钟 ADCLK）	0000	ADCLK = HSPCLK/（ADCTRL1［7］+1）
		0001	ADCLK = HSPCLK/［2 ×（ADCTRL1［7］+1）］
		0010	ADCLK = HSPCLK/［4 ×（ADCTRL1［7］+1）］
		⋮	⋮
		1111	ADCLK = HSPCLK/［30 ×（ADCTRL1［7］+1）］
0	SMODE＿SEL （采样模式选择位。这位即可选择顺序或同步采样模式）	0	采用顺序采样模式
		1	采样同步采样模式

F2833x 系列的 ADC 模块与 F281x 系列的 ADC 模块不同，在所有电路都上电后需要 5ms 的延迟；在第一次 A/D 转换开始之前也需要 5ms 的延迟。当 ADC 模块掉电时，ADCTRL3 寄存器的 3 个控制位可被同时清 0。ADC 模块的功耗级别必须通过软件设置，并且 ADC 模块的功耗模式和芯片功耗模式是独立的。有时只通过清除 ADCPWDN 位来给 ADC 模块掉电，

而带隙和参考电路仍供电。当 ADC 模块重新上电时，在 ADCPWDN 置位后需要延时 20μs 再执行转换。

2. 最大转换通道寄存器（ADCMAXCONV）

15		7	6		4	3		0
Reserved			MAX_CONV2			MAX_CONV1		
R–0			R/W–0			R/W–0		

16 位最大转换通道寄存器（ADCMAXCONV）用于设置双排序器（SEQ1 和 SEQ2）和级联单排序器（SEQ）一次排序的最大转换通道数。使用 4 位位域变量 MAX_CONV1（ADCMAXCONV [3:0]）来设定 SEQ1 和 SEQ 的一次排序的最大转换通道数。使用 2 位位域变量 MAX_CONV2（ADCMAXCONV [6:4]）来设定 SEQ2 的一次排序的最大转换通道数。最大转换通道寄存器的各位功能描述见表 5-4。

表 5-4　最大转换通道寄存器（ADCMAXCONV）各位功能描述

位	名称	描 述
15 ~ 7	Reserved	保留位。读返回 0，写无效
6 ~ 0	MAX_CONVn	MAX_CONVn 定义了一次自动转换中最大的转换通道个数。该位和它们的操作随着排序器工作模式（双/级连）的变化而变化 对 SEQ1 操作，使用 MAX_CONV1 [2~0] 位 对 SEQ2 操作，使用 MAX_CONV2 [2~0] 位 对 SEQ 操作，使用 MAX_CONV1 [3~0] 位 自动转换过程总是从初始状态开始，然后连续运行至结束状态。转换结果按顺序自动写入结果寄存器。一次自动转换的次数可以通过编程设置为 1 ~（MAX_CONVn + 1）次。即 MAX_CONVn = 0 ~ n，对应转换通道个数为 1 ~ n + 1

【例 5-1】　若只需要 5 个转换通道，则 ADCMAXCONV（最大转换通道寄存器）的 MAX_CONV n 位应初始化编程设置为 4。

示例 1：使用双排序器模式下的 SEQ1 和级联模式。排序器状态指针依次从 CONV00 递增到 CONV04，这 5 个转换结果顺序存放到结果寄存器 RESULT00 ~ RESULT04 中。

示例 2：使用双排序器模式下的 SEQ2。排序器指针依次从 CONV08 指到 CONV12，这 5 个转换结果顺序存放到结果寄存器 RESULT08 ~ RESULT12 中。

当 SEQ1 工作在双排序器模式（即两个独立的 8 状态排序器），如果所选取 MAX_CONV1 的值超过 7 时，SEQ_CNTR 将继续计数超过 7，引起排序器指针环绕回到 CONV00，并且继续计数。

3. ADC 转换结果缓冲寄存器（ADCRESULTn）

在排序器级联模式时，ADCRESULT8 ~ ADCRESULT15 用来保存第 9 ~ 16 次 A/D 转换结果。当从外设帧 2（0x7108 ~ 0x7117，ADC 转换结果缓冲寄存器映射地址空间 1，即供 CPU 存取的 16 个 A/D 结果寄存器）中读取转换结果数据时，需等待 2 个状态周期，ADC 转换结果缓冲寄存器（ADCRESULTn）的数据是用左对齐方式存储的。从外设帧 0（0x0B00 ~ 0x0B0F，ADC 转换结果缓冲寄存器映射地址空间 2）中读取数据时，不需要等待周期，且数据是用右对齐方式存储的。

（1）左对齐的 ADC 转换结果缓冲寄存器

12 位 A/D 转换结果存储在 16 位 ADC 转换结果缓冲寄存器（ADCRESULTn）中，有左对齐存储和右对齐存储两种存储方式。16 个模拟通道配置 16 个 ADC 转换结果缓冲寄存器（ADCRESULTn，n = 0 ~ 15）。16 个 ADCRESULTn（n = 0 ~ 15）双映射到外设帧 2（0x7108 ~ 0x7117，供 CPU 存取的 16 个 A/D 结果寄存器）和外设帧 0（0x0B00 ~ 0x0B0F，供 DMA 存取的 16 个 A/D 结果寄存器）16 个单元。

外设帧 2（0x7108 ~ 0x7117）的 ADC 转换结果缓冲寄存器以左对齐方式存储的。

（2）右对齐的 ADC 转换结果缓冲寄存器

外设帧 0（0x0B00 ~ 0x0B0F）的 ADC 转换结果缓冲寄存器以右对齐方式存储的。

4. ADC 输入通道选择排序控制寄存器 1/2/3/4（ADCCHSELSEQ1/2/3/4）

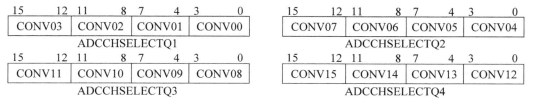

16 位 ADC 输入通道选择排序控制寄存器 1/2/3/4（ADCCHSELSEQ1/2/3/4），每 4 位 CONVnn（nn = 00 ~ 15）表示 1 个排序通道号，4 个 ADCCHSELSEQ1/2/3/4 共有 16 个 4 位位域变量 CONVnn（nn = 00 ~ 15）。系统复位 CONVnn（nn = 00 ~ 15）默认值均为 0（对应 ADC 的通道 0：ADCINA0）。

ADCCHSELSEQ1/2/3/4（ADC 输入通道选择排序寄存器 1/2/3/4）中每 4 位 CONVnn（nn = 00 ~ 15）选择 16 路模拟输入通道中的一个作为自动排序的转换通道，CONVnn 与 ADC 模块输入选择通道的关系见表 5-5。

表 5-5　CONVnn 与 ADC 模块输入选择通道的关系

CONVnn 值	ADC 模块输入通道选择	CONVnn 值	ADC 模块输入通道选择
0000	ADCINA0	1000	ADCINB0
0001	ADCINA1	1001	ADCINB1
0010	ADCINA2	1010	ADCINB2
0011	ADCINA3	1011	ADCINB3
0100	ADCINA4	1100	ADCINB4
0101	ADCINA5	1101	ADCINB5
0110	ADCINA6	1110	ADCINB6
0111	ADCINA7	1111	ADCINB7

5. ADC 参考源选择寄存器（ADCREFSEL）

15	14	13		0
REF_SEL		Reserved		

    R/W−0　　　　　　　　　　　　　　　　　　　R/W−0

    16 位 ADC 参考源选择寄存器（ADCREFSEL）包含参考电压选择位，用于选择 ADC 的内部或外部基准参考电压源。系统复位默认选择内部参考源。如果 ADC 模块使用外部参考电压源，必须在带隙上电之前，使能该外部参考电压源模式。可通过 ADCREFSEL 寄存器的 14 和 15 位使能该模式。在带隙上电之前必须使用该模式。ADC 参考源选择寄存器的各位功能描述见表 5-6。

表 5-6　ADC 参考源选择寄存器（ADCREFSEL）各位功能描述

位	名称	值	描述
15，14	REF_SEL [1:0] （参考电压选择位）	00 01 10 11	选择内部参考源（系统复位默认） 选择外部参考源，ADCREFIN 引脚电压为 2.048V 选择外部参考源，ADCREFIN 引脚电压为 1.500V 选择外部参考源，ADCREFIN 引脚电压为 1.024V
13~0	Reserved		这些位保留用于从 BootROM 中装载参考源校正数据。从 BootROM 中装载后，对 ADCREFSEL 寄存器的所有写操作不能修改这几位的值

5.1.5　ADC 模块的应用

【例 5-2】　通道 ADCINA0 被直接转换，转换结果反复存放某数组中。

```
Uint16 SampleTable[2048];
main()
{
    Uint16 i;
    InitSysCtrl();
    EALLOW;
    SysCtrlRegs.HISPCP.all = 0x3;              //HSPCLK = SYSCLKOUT/ADC_MODCLK
    EDIS;
    DINT;

    InitPieCtrl();
    IER = 0x0000;
    IFR = 0x0000;
    InitPieVectTable();
    //ADC 配置
    AdcRegs.ADCTRL1.bit.ACQ_PS = 0xf;
    AdcRegs.ADCTRL3.bit.ADCCLKPS = 0x1;
```

```
AdcRegs. ADCTRL1. bit. SEQ _ CASC = 1;     //1 = 级联模式
AdcRegs. ADCCHSELSEQ1. bit. CONV00 = 0x0;
AdcRegs. ADCTRL1. bit. CONT _ RUN = 1;     //连续运行
for(i = 0;i < BUF _ SIZE;i + + )
{
    SampleTable[i] = 0;
}
AdcRegs. ADCTRL2. all = 0x2000;            //启动 SEQ1
for(;;)
{
    for(i = 0;i < AVG;i + + )
    {
        while(AdcRegs. ADCST. bit. INT _ SEQ1 = = 0){}   //等待中断
        AdcRegs. ADCST. bit. INT _ SEQ1 _ CLR = 1;
        SampleTable[i] = ((AdcRegs. ADCRESULT0 > >4));
    }
}
}
```

5.2　增强型 PWM（ePWM）模块

增强型脉冲宽度调制（ePWM）外设是商业和工业设备中电力电子系统的关键控制单元，如电动机数字控制、开关电源、UPS 等。PWM 外设的可编程程度高、灵活性高，并且易于理解和使用。

5.2.1　PWM 原理概述

ePWM 模块中每个完整的 PWM 通道都是由两个 PWM 输出组成，即 ePWMxA 和 ePWMxB。

多个 ePWM 模块集成在一个器件内，如图 5-5 所示。为了能够更精确控制 PWM 输出，加入了硬件扩展模块——高精度脉冲宽度调制器（HRPWM）。ePWM 模块均采用时间同步方式，在必要的情况下，这些模块可以被看作一个系统进行操作。

同时，也可以利用捕捉单步方式（eCAP）对模块通道进行同步控制，模块也可以独立操作。每个 ePWM 模块支持以下功能：

1）精确的 16 位时间定时器，可以进行周期和频率控制。

2）两个 PWM 输出（EPWMxA 和 EPWMxB）可以用于下面的控制

① 两个独立的 PWM 输出进行单边控制；

② 两个独立的 PWM 输出进行双边对称控制；

③ 一个独立的 PWM 输出进行双边非对称控制。

3）与其他 ePWM 模块有关的可编程超前和滞后相位控制。

4）可编程错误区域分配，包括周期性错误和一次错误控制。

5）在一个循环基础上的硬件锁定（同步）相位关系。

6）独立的上升沿和下降沿死区延时控制。

7）独立的上升沿和下降沿死区延时控制。

8）可编程控制故障区（trip zone）用于故障时的周期循环控制（trip）和单次（one - shot）控制。

9）一个控制条件可以使 PWM 输出强制为高、低或高阻逻辑电平。

10）所有事件都可以触发 CPU 中断，启动 ADC 开始转换。

11）可编程事件有效降低了在中断时 CPU 的负担。

12）PWM 高频载波信号对于脉冲变压器门极驱动非常有用。

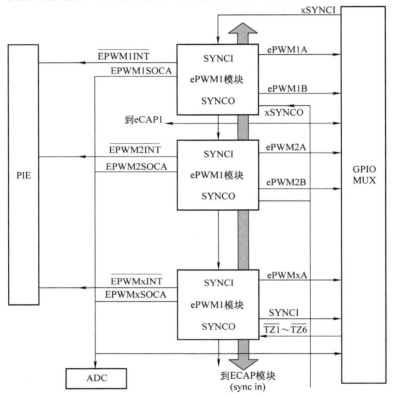

图 5-5　多个 ePWM 模块的结构关系

ePWM 总共有 7 个子模块：时间基准子模块（TB）、计数比较子模块（CC）、动作限定子模块（AQ）、死区控制子模块（DB）、PWM 斩波子模块（PC）、错误控制子模块（TZ）和事件触发子模块（ET）。

每个 ePWM 模块都是由这 7 个子模块组成，并且系统内通过信号进行连接，如图 5-6 所示。

5.2.2　ePWM 子模块

1. 时间基准子模块（TB）

每个 ePWM 都有自己的时间基准模块，它用来决定 ePWM 的事件时序。通过同步逻辑信号，可以实现多个 ePWM 模块以相同时间基准进行工作。图 5-7 为 ePWM 模块的时间基

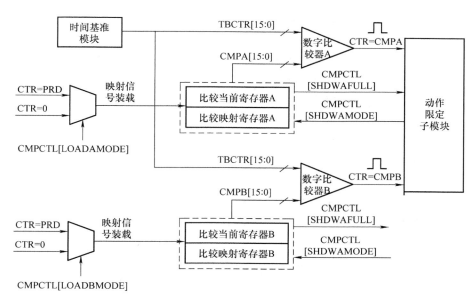

图 5-11 计数比较子模块基本结构

TR = CMPA（时间基准计时器的值等于比较寄存器 A 的值），TBCTR = CMPB（时间基准计时器的值等于比较寄存器 B 的值）。

各种模式下产生比较事件次数如下：

1）递增模式或者递减模式：每个周期只发生一次比较事件。

2）递增递减模式：如果比较值为 0x0000 到 TBPDR 之间的某个数，每个周期发生两次比较事件；如果比较值等于 0x0000 或者等于 TBPDR 时，每周期发生一次比较事件，产生的比较事件直接输出到动作限定子模块。

（3）两种工作模式的控制

1）映射模式。将 CMPCTL［SHDWAMODE］和 CMPCTL［SHDWBMODE］位置 0，可以分别使能比较寄存器 A 和比较寄存器 B 的映射寄存器模式。

映射模式下，为了防止软件异步更改寄存器的值，只在特定点更新寄存器。如果映射寄存器被使能，只在以下情况下将映射寄存器加载到当前寄存器。

① CTR = PDR 时间基准计时器等于周期（TBCTR = TBPRD）；

② CTR = Zero 时间基准计数器等于零（TBCTR = 0x0000）；

③ CTR = PRD 和 CTR = Zero 均装载。

具体是那种情况主要是由 CMPCTL［LOADAMODE］和 CMPCTL［LOADBMODE］位决定。

2）立即装载模式。将 CMPCTL［SHDWAMODE］或 CMPCTL［SHDWBMODE］位置 1。此时有效寄存器直接读写，即为立即装载模式。

（4）时序波形

计数比较子模块产生比较事件有以下 3 种模式：

1）递增模式用于产生不对称的 PWM 波形；

2）递减模式用于产生不对称的 PWM 波形；

3）递增递减模式用于产生对称 PWM 波形。

3. 动作限定子模块（AQ）

动作限定子模块在 PWM 波形的产生中具有最重要的作用。它决定哪些事件可产生相关类型的动作，从而使 EPWMxA 和 EPWMxB 输出要求的波形。动作限定子模块（Action - qualifier）与其他模块的连接关系同图 5-7 所示。

（1）动作限定子模块的应用

1）基于事件限制产生相应操作（置位、清零、挂起）。

2）当事件同时发生时，管理产生事件的优先级。

3）当时间基准计数器递增或递减计数时，提供事件的独立控制。

限定子模块是建立在时间驱动逻辑基础上的。可以被看作一个可编程的交叉开关，这个开关以事件为动作作为输出，图 5-12 给出了动作限定子模块输入输出信号。

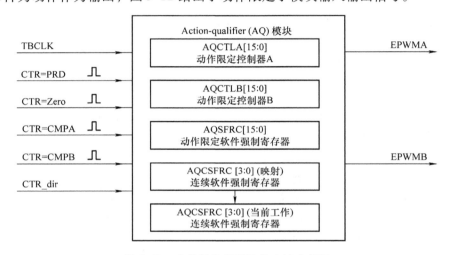

图 5-12　动作限定子模块输入输出信号

（2）EPWMxA 和 EPWMxB 输出的操作方式

软件强制动作是有效的异步事件，它通过 AQSFRC 和 AQCSFRC 进行控制。AQ 子模块用来控制在一个特殊事件触发时刻如何改变 ePWMxA 及 ePWMxB 的状态，输入到 AQ 子模块内部的事件进一步对计数器的计数方向区别，从而允许在上升时刻和下降时刻的单独控制。其操作具体为

1）置高：设置输出 ePWMxA 或 ePWMxB 为高电平。

2）置低：设置输出 ePWMxA 或 ePWMxB 为低电平。

3）取反：如果输出 ePWMxA 或 ePWMxB 为高电平，则输出为低电平；如果输出 ePWMxA 或 ePWMxB 为低电平，则输出为高电平。

4）无动作：保持当前输出状态，虽然无动作，但是相应的事件可以出发中断和 ADC 启动。

（3）动作限定事件优先级

ePWM 动作限定器可以同时接收多个事件，由硬件对这些事件的优先级进行分配，一般情况下，在时间上后发生的事情具有较高的优先级，而且软件强制事件总是有较高的优先

级。具体见表 5-7 ~ 表 5-9。

表 5-7　递增及递减模式下动作限定事件优先级

优先级别	增减模式中向递增方向时 从 TBCTR = Zero 增加到 TBCTR = TBPRD	增减模式中向递减方向时 从 TBCTR = TBPRD 减小到 TBCTR = 1
1（最高）	软件强制事件	软件强制事件
2	增计数时计数值等于 CMPB（CBU）	减计数时计数值等于 CMPB（CBD）
3	增计数时计数值等于 CMPA（CAU）	减计数时计数值等于 CMPA（CAD）
4	计数值等于 0	计数值等于周期值（TBPRD）
5	减计数时计数值等于 CMPB（CBD）	增计数时计数值等于 CMPB（CBU）
6（最低）	减计数时计数值等于 CMPA（CAD）	增计数时计数值等于 CMPA（CAU）

表 5-8　递增模式下动作限定事件优先级

优先级	如果 TBCTR 递增（0 – TBPRD）
1（最高）	软件强制事件
2	计数器等于周期（TBPRD）
3	递增计数时（CBU）计数器等于 CMPB
4	递增计数时（CAU）计数器等于 CMPA
5（最低）	计数器等于零

表 5-9　递减模式下动作限定事件优先级

优先级	如果 TBCTR 递增（0 – TBPRD）
1（最高）	软件强制事件
2	计数器等于零
3	递减计数时（CBD）计数器等于 CMPB
4	递减计数时（CAD）计数器等于 CMPA
5（最低）	计数器等于周期（TBPRD）

当比较值大于周期时（CMPA/CMPB > TBPRD）事件不发生。

动作限定子模块相应动作能控制占空比，例如：递增递减模式下，计数器增加到 CMPA 值时，PWM 输出高电平，当递减到 CMPA 值时，PWM 输出低电平；当 CMPA = 0 时，PWM 一直输出低电平，占空比为 0%，当 CMPA = TBPRD 时，PWM 输出高电平，占空比为 100%，调节 CMPA 来调节占空比。

4. 死区控制子模块（DB）

（1）死区定义和作用

由于每个桥的上半桥和下半桥是绝对不能同时导通的，高速的 PWM 驱动信号在达到功率器件的控制极时，往往会由于各种各样的原因产生延迟的效果，造成某个半桥器件在应该关断时没有关断，造成功率器件烧毁。死区就是在上半桥关断后，延迟一段时间再打开下半桥或在下半桥关断后，延迟一段时间再打开上半桥，从而避免功率器件烧毁，这段延迟时间就是死区。

死区控制可方便地解决功率转换器中的电流击穿问题。

（2）死区功能和构成

通过动作限定模块可以产生死区，但是若要严格控制死区的边沿延时和极性，那么就需要使用到 PWM 死区控制子模块。死区控制模块主要功能有：产生带死区的 EPWMxA 和 EPWMxB 信号；可以设置死区信号是对高电平有效还是低电平有效；可编程上升和下降沿延时。从图 5-3 中可以清楚地看出死区控制子模块在整个 ePWM 模块中的位置。

死区控制子模块的原理如图 5-13 所示。

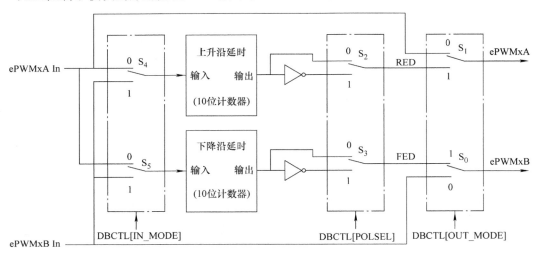

图 5-13　死区控制子模块原理图

死区控制子模块的输入是动作限定子模块的输出 ePWMxA 和 ePWMxB，在使用死区控制子模块时，首先需要选择上升沿和下降沿的触发信号源。

一共分为 4 种工作方式：

1）ePWMxA 作为上升和下降沿延时的信号源（默认）；

2）ePWMxA 作为下降沿延时的信号源，ePWMxB 作为上升沿延时的信号源；

3）ePWMxA 作为上升沿延时的信号源，ePWMxB 作为下降沿延时的信号源；

4）ePWMxB 作为上升和下降沿延时的信号源。

随后，信号经过死区控制子模块中上升和下降沿的延时调整计数器，在此可以配置所输出 PWM 的上升或者下降沿的延时。

最后，在输出时，可以选择输出 PWM 波形是否需要取反。

5. PWM 斩波子模块（PC）

ePWM 模块具有 PWM 斩波功能，在使用 ePWM 模块时，可以根据需求自行决定是否需要使用 PWM 斩波功能。从图 5-7 中可以清楚地看出 PWM 斩波器子模块在整个 ePWM 模块中的位置。

PWM 斩波子模块可以实现对 PWM 波进行再调制，经过 PWM 斩波子模块斩波而生成的 PWM 波可以用于某些相对特殊的工况，如高频变压器直接做驱动的场合、LED 调色温的场合等。斩波子模块实现的功能主要有 3 个：可编程载波频率；可编程第一个斩波脉冲的脉冲宽度；可编程第二个或其他脉冲的占空比。

图 5-14 给出 PWM 斩波器子模块具体操作结构图，PWM 斩波子模块输出的"再调制 PWM 波"的频率及占空比可由 PCCTL 寄存器的 CHPFREQ 位和 CHPDUTY 位控制。另外，PWM 斩波子模块对 PWM 输出的第一个脉冲宽度可调（可提供较大能量输出，如脉冲开关管的驱动），通过 OWHTWTH 位可控制单次脉冲的宽度，单次脉冲可以确保功率开关的快速闭合，其余脉冲则是用来维持功率开关的闭合。PWM 斩波子模块可以通过 CHPEN 位来控制其使能与禁止。一般来说下可不使用这个模块。

对 PWM 斩波子模块来说，"再调制 PWM 波"的周期、占空比、单次脉冲宽度都可以做一定的调整，这适用于多种不同的工况。

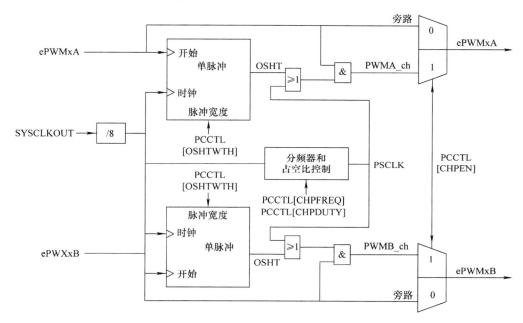

图 5-14　PWM 斩波器操作结构

6. 错误控制子模块（TZ）

当系统工作出现问题时，希望系统能够根据相应的故障做出反应，这就需要用到 PWM 故障控制子模块。从图 5-7 中可以清楚地看出 PWM 故障控制子模块在整个 ePWM 模块中的位置。

图 5-15 给出了错误控制子模块的控制逻辑结构图。每个 ePWM 模块都与 6 个 $\overline{TZn}$ 错误控制信号相连，这些错误控制信号与 GPIO 口复用。当这些信号呈现出外部错误或触发条件时，ePWM 输出可以设置为相应的工作方式，来响应错误信号的发生。一般来说故障时的工作状态有：PWM 输出为高阻态；PWM 输出强制为低；PWM 输出强制为高。

PWM 错误控制器子模块可以起到对系统工作故障的保护作用，有助于提高系统可靠性。

一般来说，故障信号有两种：一次性故障和逐周期故障。在控制 PWM 输出做出相应动作的同时，故障控制子模块可以选择是否对这两种故障产生相应的故障中断。另外，可通过观察故障控制子模块的标志寄存器（TZFLG）来判断一次性故障、逐周期故障和中断是否生成。故障控制子模块清零寄存器（TZCLR）的作用是实现标志寄存器（TZFLG）中故障和中断标志位的清零，以便于接收下一次的故障和中断。在编程时，可以人为地通过软件来生成故障，其具体操作通过故障强制寄存器（TZFRC）实现，适用于系统对故障处理可靠性的验证。

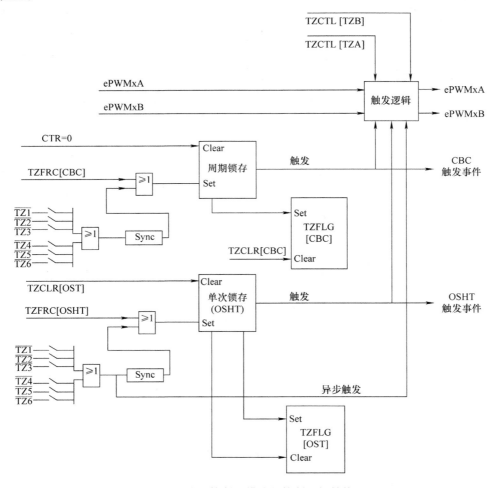

图 5-15　错误控制子模块的控制逻辑结构图

7. 事件触发子模块（ET）

PWM 事件触发子模块是 PWM 控制中较为重要的一个部分，DSP 可以通过事件触发子模块来产生功能信号，用以触发中断（功能信号：ePWMx_INT）或者启动 A/D 转换（功能信号：EPWMxSOCA/EPWMxSOCB）。

在事件触发子模块中，可以将不同的事件作为产生功能信号的标志，常用的有：

1）时间基准计数器等于零（TBCTR = 0X0000）；

2）时间基准计数器等于周期（TBCTR = TBPRD）；

3）定时器递增或递减时间基准计数器等于 CPMA；

4）定时器递增或递减时间基准计数器等于 CPMB。当 PWM 模块在工作中对应事件发生时，就会发出功能信号来产生中断或启动 ADC 模块。

在使用事件触发子模块时，首先需要配置事件触发选择寄存器 ETSEL，通过配置寄存定所需要启动的功能以及与启动信号产生相匹配的事件。

（续）

位	名称	值	描　　述
3，2	PRD	00 ~ 11	当计数值等于周期值时动作。在增减计数模式中，当计数值等于周期值，方向会被定义为 0 或减计数。具体设置情况同 AQCTLB［CBD］位
1，0	ZRO	00 ~ 11	当计数器等于 0 时动作。在增减计数模式中，当计数值等于 0，方向会被定义为 1 或增计数。具体设置情况同 AQCTLB［CBD］位

（3）动作限定软件强制寄存器（AQSFRC）

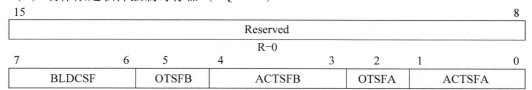

动作限定软件强制寄存器（AQSFRC）各位功能见表 5-15。

表 5-15　动作限定软件强制寄存器（AQSFRC）各位功能描述

位	名称	说　　明
15 ~ 8	Reserved	保留
7，6	BLDCSF	AQSFRC 主寄存器从映射选项中重新载入 00：当遇到计数器等于零时加载 01：当遇到计数器等于周期时加载 10：当遇到计数器等于零或等于周期时加载 11：直接加载（CPU 直接访问主寄存器，无需映射寄存器加载）
5/2	OTSFB/OTSFA	对输出事件 B/A 一次性软件强制 0：写 0 没有效果，始终读回 0 一旦对该寄存器的写入完成时该位会自动被清零，也就是说一个强制事件被触发，这是一次强制事件，它会被另一输出后续事件 B 所覆盖 1：触发单一的 s/w 强制事件
4，3 /1，0	ACTSFB /ACTSFA	当一次性软件强制 B/A 被调用时行动 00：无动作　　　　　01：清除（低） 10：设定（高）　　　11：切除（低切换成高，高切换成低） 注：这个动作不受计数器方向限定（CNT_dir）

（4）动作限定连续软件强制寄存器（AQCSFRC）

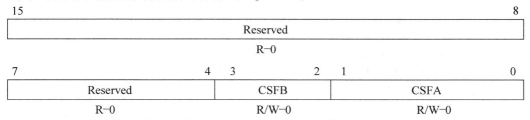

动作限定连续软件强制寄存器（AQCSFRC）各位功能见表 5-16。

表 5-16　动作限定连续软件强制寄存器（AQCSFRC）各位功能描述

位	名称	说　　明
15 ~ 4	Reserved	保留
3, 2 /1, 0	CSFB /CSFA	对输出 B 连续软件强制 在直接模式，连续强制会对下一个 TBCLK 信号边沿发生作用 在映射模式，连续强制会在映射加载到主寄存器后对下一个 TBCLK 信号边沿发生作用 00：强制未启用，即没有作用 01：对输出 B 连续产生低信号 10：对输出 B 连续产生高信号 11：软件强制被禁止而无效

4. 死区控制子模块寄存器

死区控制寄存器（DBCT）的结构如下：

15　　　　　　　　　　　　　　　　　　　　　　　　　　　　　　8
Reserved
R–0

7　　　　　　6　5　　　　　4　3　　　　　2　1　　　　　0
Reserved	IN_MODE	POLSE	OUT_MODE
R–0	R/W–0	R/W–0	R/W–0

死区控制寄存器（DBCT）各位功能见表 5-17。

表 5-17　死区控制寄存器（DBCT）各位功能描述

位	名称	说　　明
15 ~ 6	Reserved	保留
5, 4	IN_MODE	死区输入模式控制 00：EPWMxA 是上升沿和下降沿的延时信号源默认 01：EPWMxB 是上升沿延时信号源，EPWMxA 是下降沿延时信号源 10：EPWMxA 是上升沿延时信号源，EPWMxB 是下降沿延时信号源 11：EPWMxB 是上升沿和下降沿的延时信号源
3, 2	POLSE	极性选择 00：主高模式。EPWMxA 和 EPWMxB 均不可反相 01：主低互补模式。EPWMxA 可以反相 10：主高互补模式。EPWMxB 可以反相 11：主低模式。EPWMxA、EPWMxB 均可反相
1, 0	OUT_MODE	死区输出模式控制 00：EPWMxA 和 EPWMxB 输入直接传递给 PWM 斩波子模块，死区控制子模块不起作用 01：禁用上升沿延时，EPWMxA 输入直接传递给 PWM 斩波子模块，下降沿延时信号可在 EPWMxB 输出端显示 10：禁用下降沿延时，EPWMxB 输入直接传递给 PWM 斩波子模块，上升沿延时信号可在 EPWMxA 输出端显示 11：上升沿延时及下降沿延时完全使能

关于死区控制寄存器（DBCTL）各位的定义可参照死区控制子模块的工作原理图，而上升沿和下降沿的延时主要由上升沿和下降沿的延时寄存器（DBRED、DBFED）决定。

PWM 死区上升延时寄存器（DBRED）结构如下：

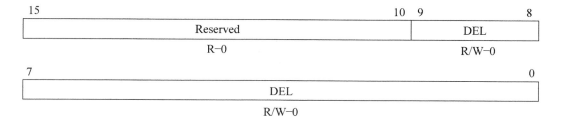

PWM 死区上升延时寄存器（DBRED）各位功能见表 5-18。

表 5-18　PWM 死区上升延时寄存器（DBRED）各位功能描述

位	名称	说　明
15 ~ 10	Reserved	保留
9 ~ 0	DEL	上升沿延时计数，10 位计数器

5. PWM 斩波子模块寄存器

斩波子模块控制寄存器（PCCTL）的结构如下：

15	11 10	8 7	5 4	1 0
Reserved	CHPDUTY	CHPFREQ	OSHTWTH	CHPEN
R-0	RW-0	RW-0	RW-0	RW-0

斩波子模块控制寄存器（PCCTL）各位功能见表 5-19。

表 5-19　斩波子模块控制寄存器（PCCTL）各位功能描述

位	名称	说　明
15 ~ 11	Reserved	保留
10 ~ 8	CHPDUTY	斩波时钟占空比：K 为 000 ~ 111 对应的十进制值，占空比 =（K+1）/8，其中 111 保留
7 ~ 5	CHPFREQ	斩波时钟频率 000：除以 1（无预分频，100MHzSYSCLKOUT 里的 12.5MHz） 001：除以 2（100MHzSYSCLKOUT 里的 6.25MHz） 010：除以 3（100MHzSYSCLKOUT 里的 4.16MHz） ⋮ 111：除以 8（100MHzSYSCLKOUT 里的 1.56MHz）
4 ~ 1	OSHTWTH	单次脉冲宽度：K = 0000 ~ 1111 分别对应十进制值，单次脉冲宽度 =（K+1）* SYSCLK-OUT/8
0	CHPEN	PWM 斩波禁用 0：禁用（旁路）PWM 斩波功能；1：启用斩波功能

6. 错误控制子模块寄存器

错误控制子模块寄存器（TZCTL）的结构如下：

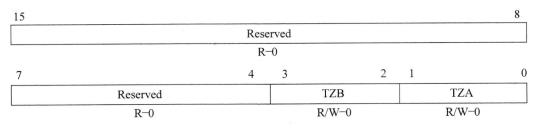

错误控制子模块寄存器（TZCTL）的各位功能描述见表 5-20。

表 5-20　错误控制子模块寄存器（TZCTL）各位功能描述

位	名称	说　明
15 ~ 4	Reserved	保留
3, 2	TZB	当一个错误事件发生时，以下动作会产生在 EPWMxB 输出上，能够造成错误事件的错误区引脚会被定义： 00：高阻抗（EPWMxB = 高阻抗状态）　　01：强制 EPWMxB 为高的状态 10：强制 EPWMxB 为低的状态　　11：没有动作产生在 EPWMxB 上
1, 0	TZA	当一个错误事件发生时，以下动作会产生在 EPWMxB 输出上，能够造成错误事件的错误区引脚会被定义： 00：高阻抗（EPWMxB = 高阻抗状态）　　01：强制 EPWMxB 为高的状态 10：强制 EPWMxB 为低的状态　　11：没有动作产生在 EPWMxB 上

7. 事件触发子模块寄存器

（1）事件触发选择寄存器（ETSEL）

15	14		12	11	10		8
SOCBEN	SOCBSEL			SOCAEN	SOCASEL		
R/W—0	R/W—0			R/W—0	R/W—0		

7			4	3	2		0
Reserved				INTEN	INTESEL		
R—0				R/W—0	R/W—0		

事件触发选择寄存器（ETSEL）的各位功能描述见表 5-21。

表 5-21　事件触发选择寄存器（ETSEL）各位功能描述

位	名称	说　明
15	SOCBEN	使能 ADC 开始转换 B（EPWMxSOCB）脉冲 0：禁止 EPWMxSOCB 脉冲　　1：使能 EPWMxSOCB 脉冲
14 ~ 12	SOCBSEL	EPWMxSOCB 选项（这些位决定 EPWMxSOCB 脉冲何时被生成） 000：保留 001：使能事件，使时间基准计数器等于零（TBCTR = 0x0000） 010：使能事件，使时间基准计数器等于周期（TBCTR = TBPRD） 011：保留 100：使能事件，当定时器递增时，时间基准计数器等于 CMPA 101：使能事件，当定时器递减时，时间基准计数器等于 CMPA 110：使能事件，当定时器递增时，时间基准计数器等于 CMPB 111：使能事件，当定时器递减时，时间基准计数器等于 CMPB

（续）

位	名称	说　明
11	SOCAEN	使能 ADC 开始转换 A（EPWMxSOCA）脉冲 0：禁止 EPWMxSOCA 脉冲　1：使能 EPWMxSOCA 脉冲
10 ~ 8	SOCASEL	EPWMxSOCA 选项（这些位决定 EPWMxSOCA 脉冲何时被生成） 参考 14 ~ 12 位
7 ~ 4	Reserved	保留
3	INTEN	使能 ePWM 中断（ePWMx_INT）生成 0：禁止 ePWMx_INT 生成　1：启用 ePWMx_INT 生成
2 ~ 0	INTESEL	ePWM 中断选项 参考 14 ~ 12 位

（2）事件触发分频寄存器（ETPS）

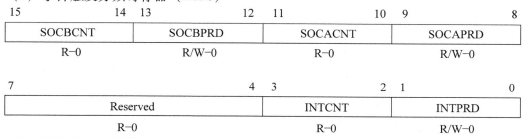

事件触发分频寄存器（ETPS）的各位功能描述见表 5-22。

表 5-22　事件触发分频寄存器（ETPS）各位功能描述

位	名称	说　明
15, 14	SOCBCNT	ePWM　ADC 开始变换 B 事件（ePWMxSOCB）计数寄存器 这些位决定有多少选定的 ETSEL［SOCBSEL］事件已经发生 00：没有事件发生　01：1 个事件发生 10：2 个事件发生　11：3 个事件发生
13, 12	SOCBPRD	ePWM ADC 开始变换 B 事件（ePWMxSOCB）周期选择 这些位决定在一个 ePWMxSOCB 脉冲信号生成前有多少选定的 ETSEL［SOCBSEL］事件需要发生，这个 SOCB 脉冲信号必须使能（ETSEL［SOCBEN］=1）。即使状态标志从先前的转换启动 （ETSEL［SOCB =1］）被设定，这个 SOCB 脉冲也会生成。一旦 SOCB 脉冲生成，ETPS［SOCBCNT］位将自动清零 00：禁用 SOCB 事件计数器。没有 SOCB 脉冲产生 01：在第一个事件上生成 SOCB 脉冲（ETPS［SOCBCNT］=0, 1） 10：在第二个事件上生成 SOCB 脉冲（ETPS［SOCBCNT］=1, 0） 11：在第三个事件上生成 SOCB 脉冲（ETPS［SOCBCNT］=1, 1）
11, 10	SOCACNT	ePWM ADC 开始变换 A 事件（ePWMxSOCA）计数寄存器 具体设置与 SOCACNT 类似

（续）

位	名称	说　　明
9，8	SOCAPRD	ePWM ADC 开始变换 A 事件（ePWMxSOCA）周期选择 这些位决定在一个 ePWMxSOCA 脉冲信号生成前有多少选定的 ETSEL［SOCASEL］事件需要发生，这个 SOCA 脉冲信号必须使能（ETSEL［SOCAEN］=1）。即使状态标志从先前的转换启动（ETSEL［SOCA=1］）被设定，这个 SOCA 脉冲也会生成。一旦 SOCA 脉冲生成，ETPS［SOCACNT］位将自动清零 具体设置与 SOCBPRD 类似
7～4	Reserved	保留
3，2	INTCNT	ePWM 中断（ePWM_INT）计数器寄存器 这些位决定有多少选定的 ETSEL［INTSEL］事件已经发生。当一个中断脉冲信号生成时，这些位会自动清零。如果中断被禁用，ETSEL［INT］=0　或中断标志位被设定，ETFLAG［INT］=1，当达到周期值 ETPS［INTCNT］= ETPS［INTPRD］时，计数器将停止计数事件 具体设置与 15，14 位类似
1，0	INTPRD	ePWM 中断（ePWMx_INT）周期选择 这些位决定在一个中断产生前有多少选定的 ETSEL［INTSEL］事件需要发生。若要被生成，中断必须被启动（SEL［INT］=1）。如果中断状态标志从先前的中断（ETFLAG［INT］=1）中设定，则没有中断会生成，除非标志通过 ETCLR［INT］位被清零。这允许一个中断暂时挂起，另一个中断服务。一旦中断产生后，ETPS［INCNT］位将自动被清零 写入一个等同于目前计数器值的 INTPRD 值，如果它被启用而且标志位被清零，将会触发中断 写入一个小于目前计数器值的 INTPRD 值，将会导致一种无法确定的状态 如果计数器事件发生在一个新的零或非零 INTPRD 值写入的时刻，计数器会递减

（3）事件触发标志寄存器（ETFLG）

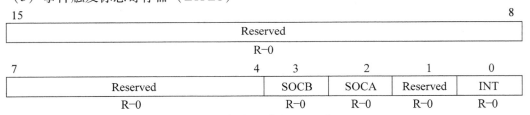

事件触发标志寄存器（ETFLG）的各位功能描述见表 5-23。

表 5-23　事件触发标志寄存器（ETFLG）各位功能描述

位	名称	说　　明
15～4	Reserved	保留
3	SOCB	锁存 ePWM ADC 开始变换 B 事件（EPWMxSOCB）状态标志 0：表示没有 EPWMxSOCB 事件发生 1：表示在 EPWMxSOCB 产生一个转换脉冲的开始信号。即使该标志位被置位，该 EPWMx-SOCB 输出也将继续产生
2	SOCA	锁存 ePWM ADC 开始变换 A 事件（EPWMxSOCA）状态标志 具体标志与 SOCB 类似

（续）

位	名称	说　明
1	Reserved	保留
0	INT	锁存 ePWM 中断（ePWM_INT）标志位 0：表示没有事件发生 1：表示一个 ePWM 中断已经生成。没有更多的中断会生成，除非标志位被清零。当 ET-FLG［INT］仍被置位时，其他中断能够暂挂。如果一个中断暂挂，它不会再被生成，除非 ETFLG［INT］位被清零

（4）事件触发清除寄存器（ETCLR）

15							8
Reserved							
R—0							

7			4	3	2	1	0
Reserved				SOCB	SOCA	Reserved	INT
R—0				R/W—0	R/W—0	R—0	R/W—0

事件触发清除寄存器（ETCLR）的各位功能描述见表 5-24。

表 5-24　事件触发清除寄存器（ETCLR）各位功能描述

位	名称	说　明
15～4	Reserved	保留
3	SOCB	锁存 ePWM ADC 开始变换 B 事件（EPWMxSOCB）状态标志清零位 0：写入 0 无效，总是读回 0　　1：清除 ETFLG［SOCB］位
2	SOCA	锁存 ePWM ADC 开始变换 A 事件（EPWMxSOCA）状态标志清零位 0：写入 0 无效，总是读回 0　　1：清除 ETFLG［SOCA］位
1	Reserved	保留
0	INT	锁存 ePWM 中断（ePWM_INT）标志位 0：写入 0 无效，总是读回 0　　　　1：清除 ETFLG［INT］位并使 更多中断脉冲生成

（5）事件触发强制寄存器（ETFRC）

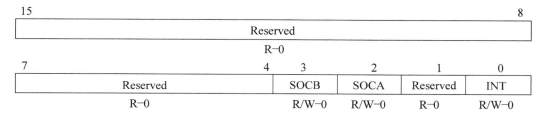

15							8
Reserved							
R—0							

7			4	3	2	1	0
Reserved				SOCB	SOCA	Reserved	INT
R—0				R/W—0	R/W—0	R—0	R/W—0

事件触发强制寄存器（ETFRC）的各位功能描述见表 5-25。

表 5-25　事件触发强制寄存器（ETFRC）各位功能描述

位	名称	说明
15 ~ 4	Reserved	保留
3	SOCB	SOCB 强制位 0：写入 0 无效，总是读回 0 1：在 ePWMxSOCB 上产生脉冲，并设定 SOCBFLG 位
2	SOCA	SOCA 强制位 0：写入 0 无效，总是读回 0 1：在 ePWMxSOCB 上产生脉冲，并设定 SOCAFLG 位
1	Reserved	保留
0	INT	INT 强制位 0：写入 0 无效，总是读回 0 1：生成一个中断信号 ePWMxINT，并设定 INT 标志位

5.2.4　ePWM 模块的应用

【例 5-3】　将 GPIO1 配置成对应的 ePWM1 功能引脚，输出矩形波。将 ePWM1 模块中的时间基准计数器配置成增减计数模式。在计数递增区间，当时间基准计数器等于比较计数寄存器 B（TBCTR = CMPB）时，输出脉冲由低变高；在计数递减区间，当 TBCTR = CMPB 时，输出脉冲则由高变低。当发生 TBCTR = 0 事件时，进入一次中断，中断服务程序中可修改输出脉冲的占空比或频率。本程序来源于 TI 官网 V131 中 epwm_timer_interrupts 例程，并在此基础上进行了修改。

本例中只使用了 ePWM1 引脚，其他引脚的使用与方法该引脚相同，例程中不再赘述读者可以参考此例程练习对其他 ePWM 功能引脚进行编程。

例程如下：

```
#include" DSP2833x_Device. h"              //包含头文件
#include" DSP2833x_Examples. h"            //包含头文件
//函数声明
interrupt void epwm1_isr( void) ;
void update_compare( void) ;
void InitMyEPwm1Gpio( void) ;
void InitMyEPwm1( void) ;
volatile int count = 0 ;                   //进中断次数
//－－－－－－－－－－－－－－－－主程序－－－－－－－－－－－－－－－－//
void main( void)
{
    //系统和中断向量表初始化
    InitSysCtrl( ) ;
    DINT;
    InitPieCtrl( ) ;
```

```
    IER = 0x0000;
    IFR = 0x0000;
    InitPieVectTable( );
    //中断服务地址重新映射
    EALLOW;
    PieVectTable. EPWM1_INT = &epwm1_isr;
    EDIS;
    //配置 ePWM1GPIO 口及寄存器
    InitMyEPWm1Gpio( );
    InitMyEPwm1( );
    //在 PIE 级和 CPU 级,使能中断,开全局中断使能中断
    IER| = M_INT3;
    PieCtrlRegs. PIEIER3. bit. INTx = 1;
    EINT;
    ERTM;
    for( ;;)
    {
        asm("NOP");      //执行一个空语句,有时软件抗干扰时要用到,使"跑飞"的程序回归正轨
    }
}
// – – – – – – – – – – – – –ePWM1 – BGPIO 口配置程序 – – – – – – – – – – – – – – – //
void InitMyEPwm1Gpio( void)
{
    EALLOW;
    GpioCtrlRegs. GPAPUD. bit. GPIO1 = 0;               //使能上拉
    GpioCtrlRegs. GPAMUX1. bit. GPIO1 = 1;              //配置为 EPWM1 – B 功能
    EDIS;
}
void InitMyEPwm1( void)
{
    EPwm1Regs. TBPRD = 6000;                          //配置计数周期值
    EPwm1Regs. TBPHS. half. TBPHS = 0x0000;            //配置时间基准相位为 0
    EPwm1Regs. TBCTR = 0x0000;                         //清除时基计数器
    EPwm1Regs. CMPB = 2000;                            //配置比较 B 寄存器值
    EPwm1Regs. TBCTL. bit. CTRMODE = 2;                //设置计数模式为增减模式
    EPwm1Regs. TBCTL. bit. PHSEN = 0;                  //禁用相位使能位
    EPwm1Regs. TBCTL. bit. HSPCLKDIV = 0;              //配置高速时钟/1 分频
    EPwm1Regs. TBCTL. bit. CLKDIV = 0;                 //对输入时钟/1 分频
    EPwm1Regs. TBCTL. bit. SYNCOSEL = 3;               //禁用同步输出信号
    EPwm1Regs. CMPCTL. bit. SHDWBMODE = 0;             //配置计数比较控制寄存器 B 为映射模式
    EPwm1Regs. CMPCTL. bit. LOADBMODE = 0;             //配置 CMPB 在 TBCTR = 0 时加载
    EPwm1Regs. AQCTLB. bit. CBU = 2;                   //计数值等于 CMPB 且计数递增时 PWM1B
                                                       输出高
```

```
        EPwm1Regs. AQCTLB. bit. CBD = 1 ;              //计数值等于 CMPB 且计数递减时 PWM1B
                                                           输出低
        EPwm1Regs. ETSEL. bit. INTSEL = 1 ;            //配置 TBCTR = 0x0000 为中断触发事件
        EPwm1Regs. ETSEL. bit. INTEN = 1 ;             //使能 PWMx 中断产生
        EPwm1Regs. ETPS. bit. INTPRD = 1 ;             //配置在第一个中断事件发生时触发中断
        EPwm1Regs. ETCLR. all = 0x0F ;                 //清除事件标志位
    }
    // - - - - - - - - - - - - - - - -中断服务程序- - - - - - - - - - - - - - - - -//
    interrupt void epwml_isr( void)
    {
        count + + ;                                    //进一次中断,代表进中断次数的变量加 1
        update_compare( ) ;                            //更新占空比
        EPwm1Regs. ETCLR. bit. INT = 1 ;               //清除中断标志位
        PieCtrlRegs. PIEACK. all = PIEACK_GROUP3 ;     //中断应答
    }
    // - - - - - - - - - - - - - - -更新占空比程序- - - - - - - - - - - - - - - - -//
    void update_compare( void)
    {
        if( count > = 1000)
        {
            count = 0 ;
            EPwm1Regs. CMPB = 2000 ;                   //满 1000 周期后恢复原占空比
        }
        else
        {
            EPwm1Regs. CMPB = 2000 + count;            //更改占空比
        }
    }
```

5.3 增强型 CAP（eCAP）模块

增强型捕获（eCAP）模块常用于需要对外部事件进行精确计时的场合，例如旋转机械的速度测量、位置传感器脉冲之间的时间差测量、脉冲序列信号的周期和占空比测量等。

5.3.1 eCAP 模块概述

F2833x 系列 DSP 芯片的 eCAP 模块特性有：

1）专用的捕获输入引脚。

2）32 位计数器，系统时钟为 150MHz 时，时基精度为 6.67ns。

3）4 个事件时间戳寄存器（CAP1 ~ CAP4，每个寄存器为 32 位）。

4）4 级的排序器（Mod4 计数器）与外部事件（ECAP 引脚的上升沿/下降沿）同步。

5）4 个时间戳捕获事件的边沿极性（上升沿/下降沿）可独立选择。

6）输入捕获信号可以进行预定标（2～62）。

7）捕获绝对时间戳/差分时间戳。

8）不使用捕获模式时，eCAP 模块可以配置为单通道的 PWM 输出功能。

图 5-16 给出了包含多个 eCAP 模块的系统结构图。模块数量因器件类型而异，F28335 的 eCAP 模块有 6 个独立的 eCAP 通道（eCAP1～eCAP6），每个通道都有两种工作模式：捕获模式和 APWM 模式。

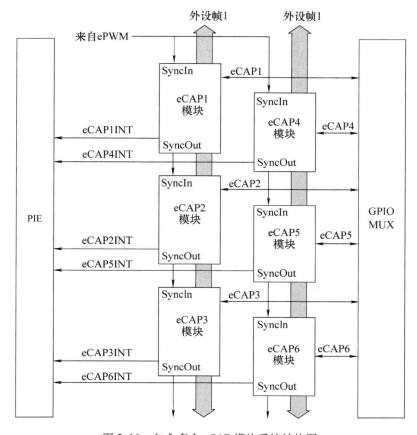

图 5-16　包含多个 eCAP 模块系统结构图

当工作在输入捕捉模式时，CAP1～CAP4 作为捕捉状态控制寄存器使用。当工作在 AP-WM 模式时，CAP1 和 CAP2 分别作为周期寄存器和比较寄存器使用，CAP3 和 CAP4 分别作为周期寄存器和比较寄存器的映射寄存器。

5.3.2　eCAP 模块的捕获操作模式

捕获工作模式下，可完成输入脉冲信号的捕捉和相关参数的测量，结构框图如图 5-17 所示。

F2833x 具有 4 个独立的捕获单元，每个捕获单元与捕获输入引脚相连。信号从外部引脚 eCAPx 引入，经事件预分频子模块进行 N 分频，由控制寄存器 ECCTL1［CAPxPOL］选择信号上升沿或者下降沿触发捕获功能（x 表示 4 个捕获事件 CEVT1～CEVT4），然后经事件

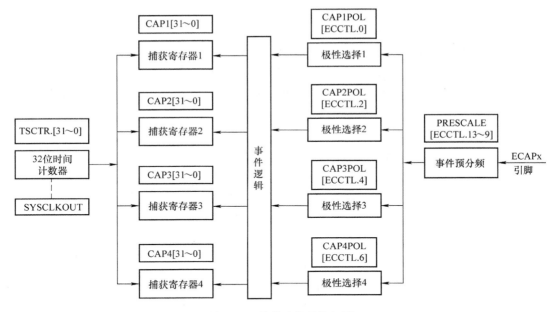

图 5-17   捕获功能结构框图

选择控制（模 4 计数器）位 ECCTL1 [CAPLDEN，CTRRSTx] 来设定捕获事件发生时是否装载 CAP1 ~ CAP4 的值及计数器复位与否。其中，TSCTR 计数器为捕获事件提供基准时钟，由系统时钟 SYSCLKOUT 直接驱动，当产生捕获事件后，该计数器的当前值被捕获并存储在相应的捕获寄存器中。相位寄存器 CTRPHS 实现 eCAP 模块间计数器的同步。

捕获工作模式主要分为连续和单次控制两种方式。

1. 连续捕获模式下

每捕获一个捕获触发事件，模 4 计数器计数值加 1，按照 0→1→2→3→0 进行循环计数，捕获值连续装载入 CAP1 ~ CAP4 寄存器。

2. 单次捕获模式

模 4 计数器与停止寄存器（ECCTL2 [SOTP_ WRAP]）的设定值进行比较，若相等则模 4 停止计数，并禁止装载 CAP1 ~ CAP4 寄存器，后续可由软件设置重启功能。

5.3.3   辅助脉宽调制（APWM）操作模式

APWM 工作模式下，可实现一个单通道输出 PWM 信号发生器，如图 5-18 所示。

TSCTR 计数器工作在递增模式。CAP1、CAP2 分别是周期动作寄存器和比较动作寄存器，CAP3、CAP4 分别是周期映射寄存器和比较映射寄存器。APWM 模式下生成的 PWM 如图 5-19 所示。

此时 APWM 工作在高有效模式（APWMPOL = 0）。计数器 TSCTR = CAP1，即周期匹配时（CTR = PRD），eCAPx 引脚输出高电平；计数器 TSCTR = CAP2，即发生比较匹配时（CTR = CMP），eCAPx 引脚输出低电平；调整寄存器 CAP2 的值，即可改变输出 PWM 脉宽。

捕获工作模式下的 4 种捕获事件 CEVT1 ~ CEVT4、计数器溢出事件 CTR_ OVF 和APWM 工作模式下的周期匹配事件（CTR = PRD）、比较匹配事件（CTR = CMP）都会产生中断

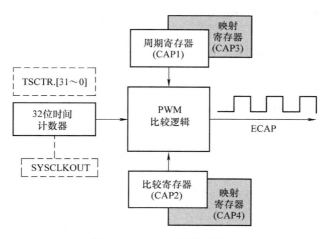

图 5-18　APWM 模块示意图

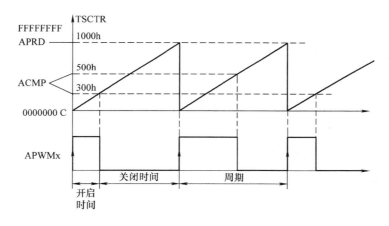

图 5-19　APWM 工作模式的 PWM 波形图

请求。

5.3.4 eCAP 模块寄存器

下面介绍 eCAP 模块寄存器常用的寄存器。

1. eCAP 模块控制寄存器 1（ECCTL1）

15		14	13				9	8
FREE/SOFT				PRESCALE				CAPLDEN
R/W−0				R/W−0				R/W−0

7	6	5	4	3	2	1	0
CTRRST4	CAP4POL	CTRRST3	CAP3POL	CTRRST2	CAP2POL	CTRRST1	CAP1POL
R/W−0	R/W−0	R/W−0	R/W−0	R/W−0	R/W−0	R/W−0	R/W−0

eCAP 模块控制寄存器 1 各位功能见表 5-26。

表 5-26　　eCAP 模块控制寄存器 1（ECCTL1）各位功能描述

位	名称	说　明
15，14	FREE/SOFT	仿真控制位 00：仿真挂起时，TSCTR 计数器立即停止 01：TSCTR 计数器计数直到 = 0 1x：TSCTR 计数器不受影响
13 ~ 9	PRESCALE	事件预分频控制位 0000：不分频 0001 ~ 1111（k）：分频系数为 2k
8	CAPLDEN	控制在捕获事件发生时是否装载 CAP1 ~ CAP4 0：禁止装载 1：使能装载
7	CTRRST4	捕获事件 4 发生时计数器复位控制位 0：在捕获事件发生时不复位计数器（绝对时间模式） 1：在捕获事件发生时复位计数器（差分时间模式）
6	CAP4POL	选择捕获事件 4 的触发极性 0：在上升沿触发捕获事件　　1：在下降沿触发捕获事件
5	CTRRST3	捕获事件 3 发生时计数器复位控制位 此处设置同第 7 位
4	CAP3POL	选择捕获事件 3 的触发极性 此处设置同第 6 位
3	CTRRST2	捕获事件 2 发生时计数器复位控制位 此处设置同第 7 位
2	CAP2POL	选择捕获事件 2 的触发极性 此处设置同第 6 位
1	CTRRST1	捕获事件 1 发生时计数器复位控制位 此处设置同第 7 位
0	CAP1POL	选择捕获事件 1 的触发极性 此处设置同第 6 位

2. eCAP 模块控制寄存器 2（ECCTL2）

15				11	10	9	8
Reserved					APWMPOL	CAP/APWM	SWSYNC
R-0					R/W-0	R/W-0	R/W-0

7	6	5	4	3	2	1	0
SYNCO_SEL		SYNCI_EN	TSCIRSTOP	REARM	STOP_WRAP		CONT/ONESHT
R/W-0		R/W-0	R/W-0	R/W-0	R/W-0		R/W-0

eCAP 模块控制寄存器 2 各位功能见表 5-27。

表 5-29　eCAP 模块中断标志寄存器（ECFLG）各位功能描述

位	名称	说　明
15 ~ 8	Reserved	保留
7	CTR = CMP	计数器等于比较值中断标志位（仅在 APWM 模式下有效） 0：无中断事件　　　1：有中断事件
6	CTR = PRD	计数器等于最大值中断标志位（仅在 APWM 模式下有效） 0：无中断事件　　　1：有中断事件
5	CTROVF	计数器上溢中断标志位 0：无中断事件　　　1：有中断事件
4	CEVT4	捕获事件 4 中断标志位 0：无中断事件　　　1：有中断事件
3	CEVT3	捕获事件 3 中断标志位 0：无中断事件　　　1：有中断事件
2	CEVT2	捕获事件 2 中断标志位 0：无中断事件　　　1：有中断事件
1	CEVT1	捕获事件 1 中断标志位 0：无中断事件　　　1：有中断事件
0	INT	全局中断标志位 0：无中断事件　　　1：有中断事件

5. eCAP 模块中断清除寄存器（ECCLR）

15							8
Reserved							
R−0							

7	6	5	4	3	2	1	0
CTR=CMP	CTR=PRD	CTROVF	CEVT4	CEVT3	CEVT2	CEVT1	INT
R/W−0	R/W−0	R/W−0	R/W−0	R/W−0	R/W−0	R/W−0	R/W−0

eCAP 模块中断清除寄存器各位功能见表 5-30。

表 5-30　eCAP 模块中断清除寄存器（ECCLR）各位功能描述

位	名称	说　明
15 ~ 8	Reserved	保留
7	CTR = CMP	计数器等于比较值中断标志清除位 0：写 0 无效，返回 0　　　1：写 1 清除相应中断标志
6	CTR = PRD	计数器等于最大值中断标志清除位 0：写 0 无效，返回 0　　　1：写 1 清除相应中断标志
5	CTROVF	计数器上溢中断标志清除位 0：写 0 无效，返回 0　　　1：写 1 清除相应中断标志
4	CEVT4	捕获事件 4 中断标志清除位 0：写 0 无效，返回 0　　　1：写 1 清除相应中断标志
3	CEVT3	捕获事件 3 中断标志清除位 0：写 0 无效，返回 0　　　1：写 1 清除相应中断标志

（续）

位	名称	说　　明
2	CEVT2	捕获事件 2 中断标志清除位 0：写 0 无效，返回 0　　　1：写 1 清除相应中断标志
1	CEVT1	捕获事件 1 中断标志清除位 0：写 0 无效，返回 0　　　1：写 1 清除相应中断标志
0	INT	全局中断标志清除位 0：写 0 无效，返回 0　　　1：写 1 清除相应中断标志

5.3.5　eCAP 模块的应用

【例 5-4】　eCAP1 捕获 ePWM1A 产生的方波信号（频率为 1kHz，占空比为 50%）。使用 eCAP1 测量该信号的周期和占空比。捕获 3 次：第一次捕获上升沿、第二次捕获下降沿、第三次捕获上升沿。

实现步骤以及关键代码如下：

1. 初始化 eCAP1 模块

在函数 ECAP1_ Init（）中，完成 eCAP 模块初始化。

```
void ECAP1_Init( void)
{
    ECap1Regs. ECEINT. all = 0;            //禁用所有 eCAP 中断
    ECap1Regs. ECCTL1. bit. CAPLDEN = 0;    //禁用等待
    ECap1Regs. ECCTL2. bit. TSCTRSTOP = 0;  //停止计数
    ECap1Regs. TSCTR = 0;                  //清除计数值
    ECap1Regs. CTRPHS = 0;                 //清除计数器相位寄存器

    ECap1Regs. ECCTL2. all = 0x0096;       //ECAP 控制寄存器 2
    //bit 15 ~ 11 0000:保留
    //bit 10        0:APWMPOL,在 CAP 模式无效
    //bit 9         0:CAP/APWM,0 = 捕获模式
    //bit 8         0:SWSYNC,0 = 无动作
    //bit 7,6       10:SYNCO_SEL,10 = 禁用同步信号输出
    //bit 5         0:SYNCI_EN,0 = 禁用同步
    //bit 4         1:TSCTRSTOP,1 = 使能计数器
    //bit 3         0:RE – ARM,0 = 无影响
    //bit 2,1       11:STOP_WRAP,CEVT4 发生时停止
    //bit 0         0:CONT/ONESHT,0 = 连续模式

    ECap1Regs. ECCTL1. all = 0x01C4;       //ECAP 控制寄存器 1
    //bit 15,14     00:     FREE/SOFT,00 = TSCTR 立即停止
    //bit 13 ~ 9    00000:  PRESCALE,00000 = 预分频系数为 1
    //bit 8         1:CAPLDEN,1 = 使能装载控制
    //bit 7         1:CTRRST4,1 = 捕获事件 CEVT4 发生时,复位计数器
```

```
//bit 6          1:CAP4POL,1 = 下降沿触发
//bit 5          0:CTRRST3,0 = 捕获事件 CEVT3 发生时,不复位计数器
//bit 4          0:CAP3POL,0 = 上升沿触发
//bit 3          0:CTRRST2,0 = 捕获事件 CEVT2 发生时,不复位计数器
//bit 2          1:CAP2POL,1 = 下降沿触发
//bit 1          0:CTRRST1,0 = 捕获事件 CEVT1 发生时,不复位计数器
//bit 0          0:CAP1POL,0 = 上升沿触发

ECap1Regs. ECEINT. all = 0x0008;            //使能捕获 CEVT3 事件中断
    //bit 15 ~ 8   0:保留
    //bit 7        0:CTR = CMP,0 = 计数匹配 CTR = CMP,禁用中断
    //bit 6        0:CTR = PRD,0 = 周期匹配 CTR = PRD,禁用中断
    //bit 5        0:CTROVF,0 = 计数溢出 CTROVF,禁用中断
    //bit 4        0:CEVT4,0 = 禁用捕获 CEVT4 事件中断
    //bit 3        1:CEVT3,1 = 使能捕获 CEVT3 事件中断
    //bit 2        0:CEVT2,0 = 禁用捕获 CEVT3 事件中断
    //bit 1        0:CEVT1,0 = 禁用捕获 CEVT3 事件中断
    //bit 0        0:保留
}
```

2. 使能捕获中断

```
PieCtrlRegs. PIEIER1. bit. INTx7 = 1;        //使能 CPU 定时器 0 中断
PieCtrlRegs. PIEIER4. bit. INTx1 = 1;        //使能 PIE 组 4 中断,即 ECAP1_INT
IER | = 0x0009;                              //使能 INT4 和 INT1 中断
```

3. 捕获的中断服务程序

```
interrupt void ECAP1_ISR( void)
    {
        ECap1Regs. ECCLR. bit. INT = 1;                     //清除 ECAP1 中断标志
        ECap1Regs. ECCLR. bit. CEVT3 = 1;                   //清除 CEVT3 标志
        //计算 PWM 占空比(上升沿到下降沿)
        PWM_Duty = ( int32) ECap1Regs. CAP2 - ( int32) ECap1Regs. CAP1;
        //计算 PWM 周期(上升沿到上升沿)
        PWM_Period = ( int32) ECap1Regs. CAP3 - ( int32) ECap1Regs. CAP1;
        PieCtrlRegs. PIEACK. all = PIEACK_GROUP4;           //PIE 组 4 应答
    }
}
```

"PWM_Duty" 表示 PWM 的占空比、"PWM_Period" 表示 PWM 的周期。由于 ePWM1A 产生 1kHz 的信号,因此周期为 1ms,脉宽为 0.5ms。

由于测量单元的分辨率为 1/150MHz = 6.667ns,因此,"PWM_ Period" 的值 150000 转换为 $150000 \times 6.667\text{ns} = 1\text{ms}$,与给定一致。

【例 5-5】　APWM 工作模式下,eCAP 模块相当于一个 PWM 波形发生器,以图 5-19 为例,进行说明。图 5-19 所示的 PWM 的极性为高电平有效,即比较值 CAP2 代表高电平时间,如果 APWMPOL 配置成低电平有效,则比较值 CAP2 代表低电平时间。

相关的初始化程序如下：

```
// ECAP 1 配置
ECap1Regs. CAP1 = 0x1000；                  //设定 PWM 周期
ECap1Regs. CTRPHS = 0x0；                    //清零相位寄存器
ECap1Regs. ECCTL2. bit. CAP_APWM = 0x1；     //配置 APWM 工作模式
ECap1Regs. ECCTL2. bit. APWMPOL = 0x0；      //PWM 高电平有效
ECap1Regs. ECCTL2. bit. SYNCI_EN = 0x2；     //禁止同步输出信号
ECap1Regs. ECCTL2. bit. SYNCO_SEL = 0x0；    //禁止计数器同步功能
ECap1Regs. ECCTL2. bit. TSCTRSTOP = 0x1；    //启动计数器
//运行时段,改变占空比
ECap1Regs. CAP2 = 0x300；
ECap1Regs. CAP2 = 0x500；
```

5.4　增强型 QEP（eQEP）模块

增强型脉冲编码单元 eQEP 用于采集高性能电动机控制或位置控制系统中的位置、方向和速度信息，同时还可以为直线或旋转编码器提供直接接口。

5.4.1　eQEP 模块功能概述

eQEP 模块通常配合编码器一起使用，用来获取运动控制系统中的位置、方向和转速信息，图 5-20 给出了一种常见增量式编码器码盘的具体结构，码盘上的槽能够在旋转的时候针对光电发送或接收装置产生通断变化，从而产生相应的脉冲信号。另外除了常规用于相对位置判定的信号外，码盘每旋转一周就会产生一个脉冲索引信号（eQEPI），该信号用于码盘绝对位置的判定。

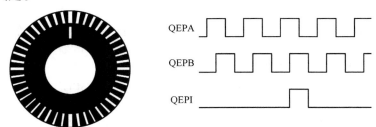

图 5-20　光电编码盘的基本结构和输出信号波形

码盘旋转时会产生 QEPA 和 QEPB 两路相位互差 90°的脉冲，根据这两个信号的相位关系就可以判断旋转的方向，我们把 QEPA 和 QEPB 两路信号称作正交编码信号。

通常情况下，将 QEPA 超前 QEPB 视为顺时针旋转，QEPB 超前 QEPA 为逆时针旋转，通常把编码器安装在电动机或其他旋转机构的轴上，所以输出信号 QEPA、QEPB 的数字信号频率与轴的转速成正比。例如，一个具有 2000 槽的编码器安装在一台电动机上，如果电动机转速为 5000r/min，那么编码器将产生 166.6kHz 的脉冲信号。

编码器常见的输出模式有两种：有门控位置索引脉冲和无门控位置索引脉冲。其中，无门控位置索引脉冲不是标准形式，其索引脉冲边沿没有必要与 A 和 B 的信号一致。有门控位置索引脉冲与输出信号的边沿一致，且脉冲宽度等于正交信号的 1/4、1/2 或一个周期，

两次单位位移事件 UPEVNT 转动方向改变，则状态寄存器 QEPSTS［CDEF］置位。

T = 时间基准单元周期寄存器 QUPRD 的值；增加的位移量 Δx = QPOSLAT（k）– QPOS-LAT（$k-1$）；X = QCAPCTL［UPPS］为定义的固定位移量；Δt = 捕获周期寄存器 QCPRD-LAT 的值。

捕获定时器 QCTMR 和周期寄存器 QCPRD 在以下两个事件发生时锁存：

1）CPU 读位置计数器 QPOSCNT 值。

2）时间基准单元（UTIME）超时事件 UTOUT。

若控制寄存器 QEPCTL［QCLM］=0，则当 CPU 读取位置计数器 QPOSCNT 的值时，捕获定时器 QCTMR 和周期寄存器 QCPRD 的值将会分别被锁存至 QCTMRLAT 和 QCPRDLAT 寄存器；若控制寄存器 QEPCTL［QCLM］=1，则当时间基准单元超时事件 UTOUT 发生时，位置计数器 QPOSCNT、捕获定时器 QCTMR 和周期寄存器 QCPRD 的值将会分别被锁存至 QPOSLAT、QCTMRLAT 和 QCPRDLAT 寄存器。利用此锁存功能，可应用式（5-1）测量高速段的转速。

4. 看门狗电路（QWDOG）

看门狗电路结构框图如图 5-28 所示，用来监测正交编码脉冲信号 QCLK 的工作状态。它包括一个 16 位看门狗定时器 QWDTMR（系统时钟的 64 分频信号作为基准计数时钟）。当计数值达到 16 位周期寄存器 QWDPRD 值时，若未检测到正交编码脉冲信号 QCLK，定时器将会超时，产生中断并置位中断标志 QFLG［WTO］，同时输出 WDTOUT 信号；若期间监测到信号 QCLK，则定时器复位，重新开始计时。

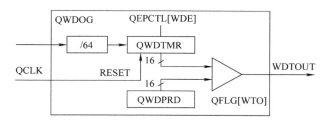

图 5-28　看门狗电路结构框图

5. 位置计数及控制单元（PCCU）

位置计数及控制单元包括一个 32 位的位置计数器 QPOSCNT，该寄存器对输入时钟脉冲信号 QCLK 进行计数。32 位比较寄存器 QPOSCMP 用来设定比较值完成位置比较事件，并且可以通过 QEPCTL 和 QPOSCTL 两个寄存器设置运行模式、初始化/锁存模式以及位置比较同步信号的产生。

（1）位置计数器的运行模式

位置计数器可以配置 4 种运行模式：索引脉冲复位位置计数器（QEPCTL［PCRM］=00）、最大计数值复位位置计数器（QEPCTL［PCRM］=01）、第一个索引脉冲来临时复位位置计数器（QEPCTL［PCRM］=10）、单位超时事件 UTOUT 复位位置计数器（QEPCTL［PCRM］=11）。

（2）位置计数器的初始化/锁存模式

位置计数器可使用索引事件、选通事件和软件 3 种方法初始化，分别通过正交控制寄存器 QEPCTL［IEI］、QEPCTL［SEI］和 QEPCTL［SWI］进行控制。

　　实际应用中，不需要在每个索引事件（Index Input）发生时都复位位置计数器，所以可通过正交控制寄存器 QEPCTL［IEL］将位置计数器的值进行锁存，但不复位。当选通信号输入（Strobe Input）时，可通过正交控制寄存器 QEPCTL［SEL］设置位置计数器的锁存。

　　（3）位置计数器的位置比较

　　当位置比较单元使能时（QPOSCTL［PCE］=1），位置计数器 QPOSCNT 的值不断与比较寄存器 QPOSCMP 的值进行比较，如图 5-29 所示，当二者匹配（QPOSCNT = QPOSCMP）时，中断标志寄存器 QFLG［PCM］置位，并触发脉宽可调的同步信号 PCSOUT。

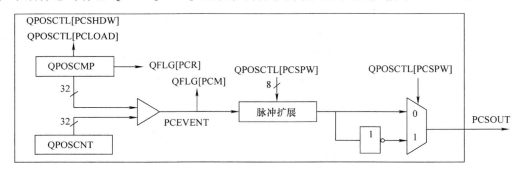

图 5-29　位置比较单元结构框图

5.4.3　eQEP 模块寄存器

　　下面介绍 eQEP 模块寄存器常用的寄存器。

　　1. eQEP 模块编码控制寄存器（QDECCTL）

15	14	13	12	11	10	9	8
QSRC		SOEN	SPSEL	XCR	SWAP	IGATE	QAP
R/W-0		R/W-0	R/W-0	R/W-0	R/W-0	R/W-0	R/W-0

7	6	5	4				0
QBP	QIP	QSP	Reserved				
R/W-0	R/W-0	R/W-0	R-0				

　　eQEP 模块编码控制寄存器各位功能见表 5-31。

表 5-31　eQEP 模块编码控制寄存器（QDECCTL）各位功能描述

位	名称	功 能 描 述
15，14	QSRC	位置计数器选择 00：正交计数模式（QCLK = iCLK，QDIR = iDIR） 01：正交计数模式（QCLK = xCLK，QDIR = xDIR） 10：频率测量的递增计数模式（QCLK = xCLK，QDIR = 1） 11：频率测量的递减计数模式（QCLK = xCLK，QDIR = 0）
13	SOEN	同步输出使能：0，禁止；1，使能
12	SPSEL	同步输出引脚选择：0，索引引脚，1，被选择引脚
11	XCR	外部时钟：0，2 分频，上升/下降沿计数；1，1 分频，上升沿计数

（续）

位	名称	功 能 描 述
10	SWAP	交换正交时钟输入。交换信号输入到正交解码器，改变计数方向：0，不交换；1，交换
9	IGATE	索引脉冲门选择：0，禁止；1，选择
8	QAP	QEPA 输入极性：0，无作用；1，反向 QEPA 输入
7	QBP	QEPB 输入极性：0，无作用；1，反向 QEPB 输入
6	QIP	QEPI 输入极性：0，无作用；1，反向 QEPI 输入
5	QSP	QEPS 输入极性：0，无作用；1，反向 QEPS 输入
4~0	Reserved	保留

2. eQEP 模块控制寄存器（QEPCTL）

15	14	13	12	11	10	9	8
FREE，SOFT		PCRM		SEI		IEI	
R/W-0		R/W-0		R/W-0		R/W-0	

7	6	5	4	3	2	1	0
SWI	SEL	IEL		QPEN	QCLM	UTE	WDE
R/W-0	R/W-0	R/W-0		R/W-0	R/W-0	R/W-0	R/W-0

eQEP 模块控制寄存器各位功能见表 5-32。

表 5-32　eQEP 模块控制寄存器（QEPCTL）各位功能描述

位	名称	值	描　　述
15, 14	FREE, SOFT		仿真控制位。该位决定仿真悬挂时，位置计数器 QPOSCNT、看门狗计数器 QWDTMR、单位定时器 QUTMR 及捕获定时器 QCTMR 的运行情况
		00	仿真悬挂时，QPOSCNT、QWDTMR、QUTMR、QCTMR 立刻停止
		01	仿真悬挂时，QPOSCNT 继续计数，直到完成当前周期后停止；QWDTMR 继续计数，直到与 WD 周期匹配后停止；QUTMR 继续计数，直到完成当前周期后停止；QCTMR 继续计数，直到下一个周期事件发生后停止
		1x	仿真悬挂时，QPOSCNT、QWDTMR、QUTMR、QCTMR 不受影响
13, 12	PCRM		位置计数器复位模式
		00	在索引事件发生时复位
		01	在最大位置处复位
		10	在第一个索引事件处复位
		11	在单位时间事件发生时复位
11, 10	SEI		位置计数器的选通事件初始化
		0x	无动作
		10	在 QEPS 信号上升沿初始化位置计数器
		11	对于顺时针方向/前向运动，在 QEPS 信号上升沿初始化位置计数器；对于逆时针方向/反向运动，在 QEPS 信号下降沿初始化位置计数器
9, 8	IEI		位置计数器的索引事件初始化
		0x	无动作
		10	在 QEPI 信号上升沿初始化位置计数器（QPOSCNT = QPOSINIT）
		11	在 QEPI 信号下降沿初始化位置计数器（QPOSCNT = QPOSINIT）

（续）

位	名称	值	描 述
7	SWI	0 1	位置计数器的软件初始化 无动作 初始化位置计数器（QPOSCNT = QPOSINIT）。该位不会自动清除
6	SEL	0 1	位置计数器的选通事件锁存 在 QEPS 选通信号的上升沿锁存位置计数器（QPOSSLAT = QPOSCNT）。通过 QDECCTL 寄存器的 QSP 位可将选通输入信号翻转，因而实现在选通信号的下降沿锁存 对于顺时针方向/前向运动，位置计数器在 QEPS 的上升沿锁存；对于逆时针方向/反向运动，位置计数器在 QEPS 的下降沿锁存
5, 4	IEL	00 01 10 11	位置计数器的索引事件锁存 保留 在索引信号的上升沿锁存位置计数器 在索引信号的下降沿锁存位置计数器 软件索引标识。在索引事件标识处锁存位置计数器（锁存至 OPOSILAT 寄存器）和正交方向标志（锁存至 QEPSTS [QDLF] 位）
3	QPEN	0 1	正交位置计数器使能/软复位 复位 eQEP 外设的内部操作标志位和只读寄存器。控制/配置寄存器不受软复位影响 eQEP 位置计数器被使能
2	QCLM	0 1	eQEP 捕获锁存模式 当 CPU 读取位置计数器 QPOSCNT 时，捕获定时器和捕获周期值分别被锁存至 QCTMRLAT 和 QCPRDLAT 寄存器 当单位时间超时时，位置计数器、捕获定时器及捕获周期值分别被锁存至 QPOSLAT、QCTMRLAT 及 QCPRDLAT 中
1	UTE	0 1	eQEP 单位定时器使能位 禁止 eQEP 单位定时器 使能 eQEP 单位定时器
0	WDE	0 1	eQEP 看门狗使能位 禁止 eQEP 看门狗定时器 使能 eQEP 看门狗定时器

3. eQEP 模块位置比较控制寄存器 （QPOSCTL）

15	14	13	12	11		0
PCSHDW	PCLOAD	PCPOL	PCE		PCSPW	
R/W-0	R/W-0	R/W-0	R/W-0		R/W-0	

eQEP 模块位置比较控制寄存器各位功能见表 5-33。

表 5-33　eQEP 模块位置比较控制寄存器 （QPOSCTL）各位功能描述

位	名称	功 能 描 述
15	PCSHDW	位置比较映射使能：0，禁止，立即装载；1，使能
14	PCLOAD	位置比较映射装载模式：0，装载 QPOSCNT = 0；QPOSCNT = QPOSCMP 装载
13	PCPOL	同步输出极性；0，高脉冲输出；1，低脉冲输出
12	PCE	位置比较使能：0，禁止；1，使能
11 ~ 0	PCSPW	选择位置比较同步输出脉冲宽度 0x000：1 ∗ 4 ∗ SYSCLKOUT 周期 0x001：2 ∗ 4 ∗ SYSCLKOUT 周期 0xffff：4096 ∗ 4 ∗ SYSCLKOUT 周期

4. eQEP 模块捕获控制寄存器 （QCAPCTL）

15	14		7	6		4	3		0
CEN		Reserved			CCPS			UPPS	
R/W-0		R-0			R/W-0			R/W-0	

eQEP 模块捕获控制寄存器各位功能见表 5-34。

表 5-34　eQEP 模块捕获控制寄存器 （QCAPCTL）各位功能描述

位	名称	值	描　　述
15	CEN	0 1	eQEP 捕获单元使能位 eQEP 捕获单元被禁止 eQEP 捕获单元被使能
14 ~ 7	Reserved		保留
6 ~ 4	CCPS	$n = 000 \sim 11T$	eQEP 捕获定时器时钟分频 $CAPCLK = SYSCLKOUT/2^n$
3 ~ 0	UPPS	$n = 0000 \sim 1011$ $11xx$	单位位置事件分频 $UPEVNT = QCLK/2^n$ 保留

5. eQEP 模块位置计数器 （QPOSCNT）

31	0
QPOSCNT	
R/W-0	

eQEP 模块位置计数器各位功能见表 5-35。

表 5-35　eQEP 模块位置计数器 （QPOSCNT）各位功能描述

位	名称	描　　述
31 ~ 0	QPOSCNT	该 32 位位置计数器根据计数方向对每个 eQEP 脉冲进行增/减计数，其计数值反映了运动位置

6. eQEP 模块看门狗定时器寄存器（QWDTMR）

```
15                                                                    0
┌──────────────────────────────────────────────────────────────────┐
│                           QWDTMR                                    │
└──────────────────────────────────────────────────────────────────┘
                            R/W-0
```

eQEP 模块看门狗定时器寄存器各位功能见表 5-36。

表 5-36　eQEP 模块看门狗定时器寄存器（QWDTMR）各位功能描述

位	名称	描　述
15～0	QWDTMR	该寄存器为看门狗提供时间基准用以检测电动机是否停转。当该定时器值与看门狗周期值相匹配时，看门狗超时中断将产生。该寄存器在正交时钟边沿跳变时复位

7. eQEP 模块中断使能寄存器（QEINT）和 eQEP 模块中断强制寄存器（QFRC）

```
15                              12   11      10      9       8
┌───────────────────────────────┬───────┬───────┬───────┬───────┐
│           Reserved             │  UTO  │  IEL  │  SEL  │  PCM  │
└───────────────────────────────┴───────┴───────┴───────┴───────┘
              R-0                  R/W-0   R/W-0   R/W-0   R/W-0
   7        6        5        4        3        2        1       0
┌────────┬────────┬────────┬────────┬────────┬────────┬───────┬─────────┐
│  PCR   │  PCO   │  PCU   │  WTO   │  QDC   │  QPE   │  PCE  │Reserved │
└────────┴────────┴────────┴────────┴────────┴────────┴───────┴─────────┘
  R/W-0    R/W-0    R/W-0    R/W-0    R/W-0    R/W-0    R/W-0    R-0
```

eQEP 模块中断使能寄存器各位功能见表 5-37。

表 5-37　eQEP 模块中断使能寄存器（QEINT）和中断强制寄存器（QFRC）各位功能描述

位	名称	功能描述
15～12	Reserved	保留
11	UTO	单位超时中断使能：0，禁止；1，使能
10	IEL	索引事件锁存中断使能：0，禁止；1，使能
9	SEL	选择事件锁存中断使能：0，禁止；1，使能
8	PCM	位置比较匹配中断使能：0，禁止；1，使能
7	PCR	位置比较准备中断使能：0，禁止；1，使能
6	PCO	位置计数器上溢中断使能：0，禁止；1，使能
5	PCU	位置计数器下溢中断使能：0，禁止；1，使能
4	WTO	看门狗超时中断使能：0，禁止；1，使能
3	QDC	正交方向转换中断使能：0，禁止；1，使能
2	QPE	正交相位错误中断使能：0，禁止；1，使能
1	PCE	位置计数器错误中断使能：0，禁止；1，使能
0	Reserved	保留

中断强制寄存器（QFRC）与中断使能寄存器（QEINT）寄存器格式和各位信息一致，相应位置 1 时，可强制该中断事件的发生。

8. eQEP 模块中断标志寄存器（QFLG）和 eQEP 模块中断清除寄存器（QCLR）

15				12	11	10	9	8
		Reserved			UTO	IEL	SEL	PCM
		R-0			R/W-0	R/W-0	R/W-0	R/W-0

7	6	5	4	3	2	1	0
PCR	PCO	PCU	WTO	QDC	QPE	PCE	INT
R/W-0	R/W-0	R/W-0	R/W-0	R/W-0	R/W-0	R/W-0	R/W-0

eQEP 模块中断标志寄存器各位功能见表 5-38。

表 5-38 eQEP 模块中断标志寄存器（QFLG）和中断清除寄存器（QCLR）各位功能描述

位	名称	功能描述
15～12	Reserved	保留
11	UTO	单位超时中断标识：0，无中断；1，通过 eQEP 单位定时器周期匹配置位
10	IEL	索引事件锁存中断标识：0，无中断；1，QPOSCNT 锁存到 QPOSILAT 之后置位
9	SEL	选择事件锁存中断标识：0，无中断；1，QPOSCNT 锁存到 QPOSILAT 之后置位
8	PCM	位置比较匹配中断标识：0，无中断；1，位置比较匹配时置位
7	PCR	位置比较准备中断标识：0，无中断；1，映射寄存器的值转移到有效的位置之后置位
6	PCO	位置计数器上溢中断标识：0，无中断；1，位置计数器上溢时置位
5	PCU	位置计数器下溢中断标识：0，无中断；1，位置计数器下溢时置位
4	WTO	看门狗超时中断标识：0，无中断；1，看门狗超时时置位
3	QDC	正交方向转换中断标识：0，无中断；1，变换方位时置位
2	QPE	正交相位错误中断标识：0，无中断；1，QEPA 和 QEPB 发生同时转换时置位
1	PCE	位置计数器错误中断标识：0，无中断；1，位置计数器错误时置位
0	INT	全局中断状态标识：0，无；1，有

中断标志寄存器（QFLG）中，各位含义与中断使能寄存器（QEINT）类同，最低位为全局中断 INT 控制位，相应中断事件发生时，对应位置 1。中断清除寄存器（QCLR）与中断标志寄存器（QFLG）各位信息一致，相应位置 1 时，可清除各位标志。

9. eQEP 模块状态寄存器（QEPSTS）

15							8
			Reserved				
			R-0				

7	6	5	4	3	2	1	0
UPEVNT	FIDF	QDF	QDLF	COEF	CDEF	FIMF	PCEF
R-0	R-0	R-0	R-0	R/W-1	R/W-1	R/W-1	R-0

eQEP 模块状态寄存器各位功能见表 5-39。

表 5-39　eQEP 模块状态寄存器（QEPSTS）各位功能描述

位	名称	功能描述
15 ~ 8	Reserved	保留
7	UPEVNT	单位位置事件标识 0：没有检测到单位位置事件标识 1：单位位置事件被检测，写 1 清除
6	FIDF	第一个索引标识的方向 第一个索引事件被锁存的方向状态 0：第一个索引事件标的计数器顺时针旋转（或反向运动） 1：第一个索引事件的逆时针旋转（或正向运动）
5	QDF	正交方向标识 0：计数器顺时针旋转（或反向运动） 1：逆时针旋转（或正向运动）
4	QDLF	eQEP 方向锁存标识 每一个索引事件标识时锁存的方向状态 0：索引事件标识时计数器顺时针旋转（或反向运动） 1：索引事件标识时计数器逆时针旋转（或正向运动）
3	COEF	捕捉上溢错误标识：0，写 1 清除；1，eQEP 捕捉定时器发生上溢
2	CDEF	捕捉方向错误标识：0，写 1 清除；1，两个捕捉位置事件之间发生方向变换
1	FIMF	第一索引事件标识：0，写 1 清除；1，第一个索引脉冲发生时置位
0	PCEF	位置计数器错误标识，每个索引事件时都会随之更新 0：最后一个索引转变期间没有发生错误 1：位置计数器错误

5.4.4　eQEP 模块的应用

【例 5-6】　采用 eQEP 模块位置计数和捕捉模块两种方式测量信号频率。

关键代码如下：

1. 初始化 eQEP 模块

```
void FREQCAL_Init( void )
{
    EQeplRegs. QUPRD = 1500000;            //系统基频 150MHz
    EQeplRegs. QDECCTL. bit. QSRC = 2;     //频率测量的增计数模式
    EQeplRegs. QDECCTL. bit. XCR = 0;      //2 分频，上升/下降沿计数
    EQeplRegs. QEPCTL. bit. FREE_SOFT = 2;
    EQeplRegs. QEPCTL. bit. PCRM = 00;     //索引事件时位置计数器复位
    EQeplRegs. QEPCTL. bit. UTE = 1;       //使能 eQEP 单位定时器
    EQeplRegs. QEPCTL. bit. QCLM = 1;      //锁存位置计数器、捕捉定时器、捕捉周期值直到超时
    EQeplRegs. QPOSMAX = 0xffffffff;
    EQeplRegs. QEPCTL. bit. QPEN = 1;      //eQEP 位置计数器使能
    EQeplRegs. QCAPCTL. bit. UPPS = 2;     //ECAP 模块基频为 150MHz 的 1/4
    EQeplRegs. QCAPCTL. bit. CCPS = 7;     //单位事件预定标为系统时间的 1/128
    EQeplRegs. QCAPCTL. bit. CEN = 1;      //使能 eQEP 捕捉
}
```

2. 计算频率

```
void FREQCAL_Calc( FREQCAL * p )
{
    unsigned long tmp;
```

```
    _iq newp,oldp;
// * * * * 使用 eQEP 位置计数计算频率 * * * *//
    if( EQeplRegs. QFLG. bit. UTO = = 1)              //单位计数器超时
    {
    newp = EQeplRegs. QPOSLAT;                    //单位计数器超时事件发生时位置计数器的值
    oldp = p - > oldpos;
    if( newp > oldp)
        tmp = newp - oldp;                        //x2 - x1 in v = ( x2 - x1 )/T
    else
        tmp = ( 0xFFFFFFFF - oldp) + newp;
        p - > freq_fr = _IQdiv( tmp,p - > freqScaler_fr) ;//p - > freq_fr = ( x2 - x1 )/( T * 10kHz)
        tmp = p - > freq_fr;
        if( tmp > = _IQ( 1) )                        //频率大于限定值
            p - > freq_fr = _IQ( 1) ;
        else
            p - > freq_fr = tmp;
        p - > freqhz_fr = _IQmpy( p - > BaseFreq,p - > freq_fr) ;
                                        //Q0 = Q0 * GLOBAL_Q = > _IQXmpy( ) ,X = GLOBAL_Q
                                        //p - > freqhz_fr = ( p - > freq_fr) * 10kHz = ( x2 - x1 )/T
    //更新位置计数器
    p - > oldpos = newp;
    EQeplRegs. QCLR. bit. UTO = 1;                //Clear interrupt flag
    }

// * * * * 使用 eQEP 捕捉模块计算频率 * * *//
    if( EQeplRegs. QEPSTS. bit. UPEVNT = = 1)    //单位位置时间
    {
        if( EQeplRegs. QEPSTS. bit. COEF = = 0)//捕捉定时器无上溢
            tmp = ( unsigned long) EQeplRegs. QCPRDLAT;
        else                                //捕捉定时器溢出
            tmp = 0xFFFF;
        p - > freq_pr = _IQdiv( p - > freqScaler_pr,tmp) ;//p - > freq_pr = X/[ ( t2 - t1) * 10kHz]
        tmp = p - > freq_pr;
        if( tmp > _IQ( 1) )
            p - > freq_pr = _IQ( 1) ;
        else
            p - > freq_pr = tmp;
        p - > freqhz_pr = _IQmpy( p - > BaseFreq,p - > freq_pr) ;
                                        //Q0 = Q0 * GLOBAL_Q = > _IQXmpy( ) ,X = GLOBAL_Q
                                        //p - > freqhz_pr = ( p - > freq_pr) * 10kHz = X/( t2 - t1)
        EQeplRegs. QEPSTS. all = 0x88;            //清除单位位置事件标识
                                        //清除上溢错误标识
    }
}
```

第6章　通信类外设及其应用

6.1　SCI 异步通信模块

串行通信接口（SCI）是一个两线制异步串行接口，即通常所说的 UART 口。SCI 模块支持 CPU 和其他使用标准不归零码（NRZ）的异步外设之间的数字通信。SCI 的接收器和发送器各自具有一个 16 级深度的 FIFO，从而减小了 CPU 开销，并且它们都有独立的使能位和中断位。两者可以独立地进行半双工通信，或者同时进行全双工通信。

6.1.1　SCI 工作原理

1. 数据格式

数据的基本单位称为字符，其长度为 1~8 位。数据每个字符的格式均为一个起始位、1或 2 个停止位、一个可选奇偶校验位以及一个可选地址/数据位。数据字符连同其格式位称为帧。帧又划分为组（称为块）。SCI 接收和发送数据都使用 NRZ（不归零）格式。NRZ 数据格式包含：1 个起始位，1~8 位数据位，1 个可选的奇偶校验位，1 或 2 个停止位，1 个用于区分数据的地址（仅用于地址位模式）的附加位，如图 6-1 所示。

图 6-1　典型的 SCI 数据帧格式

2. 时序逻辑

SCI 异步通信格式使用单线（单向）或两线（双向）通信。此模式下，数据帧由 1 个起始位、1~8 个数据位、1 个可选的偶/奇校验位和 1 个或 2 个停止位组成。如图 6-2 所示为 SCI 数据的时序。SCIRXD 信号线的数据由 8 个 SCICLK 周期构成。

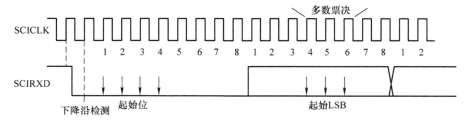

图 6-2　SCI 数据时序

注意：若使用 RS－232 接口，串行线路上的所有电平都由外部接口电路驱动，如 Texas Instruments MAX3221：在发送侧，＋5～＋15V 之间的电压值作为逻辑"0"，－15～－5V 之间的电压值作为逻辑"1"；在接收侧，高于＋3V 的电压将被识别为逻辑"0"，电压低于－3V作为逻辑"1"。

若收到 4 个连续的逻辑"0"，表示接收端收到了有效的起始位；否则，接收端会继续寻找下一个起始位；起始位之后，接收端采用多数票决方式（三分之二）决定接收的数据是 0 还是 1。

6.1.2　多处理器通信方式

多处理器通信方式是指通信不再是点对点的传输，而是存在一对多或多对多的数据交换，它允许一个处理器在同一个串行线上有效地向其他处理器发送数据块。一个简单的多处理器通信示意图如图 6-3 所示。

当处理器 A 需要给 B、C、D 之中的一个处理器发送数据时，A－B、A－C、A－D 这 3 条支路都会出现相同的数据。由于同一时刻只能实现一对一的通信，因而可对 B、C、D 预先分配地址，并且将处理器 A 发送的数据包含目标地址信息，接收端在接收时先核对地址，若地址不符合，则不予响应；若地址

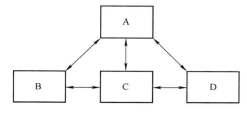

图 6-3　多处理器通信示意图

符合，则立即读取数据，从而保证数据的正确接收，这就是多处理器通信的基本原理。根据地址信息识别方式不同，多机处理通信方式分为地址位多处理器通信模式和空闲线多处理器通信模式。

1. 地址位多处理器通信模式

地址位多处理器方式数据帧格式如图 6-4 所示。其特点是在普通帧中加入 1bit 的地址位，使接收端收到后判断该帧是地址信息还是数据信息。只要在 SCITXBUF 写入地址前将 TXWAKE＝1，就会自动完成帧内数据/地址的设定，即 TXWAKE＝0，表示发送数据帧，TXWAKE＝1，表示发送地址帧。

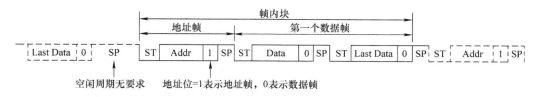

图 6-4　地址位多处理器方式帧示意图

2. 空闲线多处理器通信模式

通过空闲周期的长短来确定地址帧的位置，在 SCIRXD 变高 10 个位（或更多）之后，接收器在下降沿之后被唤醒，即数据块之间的空闲周期大于 10 个周期，数据块内的空闲周期小于 10 个周期，其数据帧格式如图 6-5 所示。

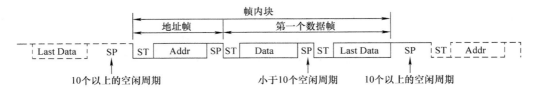

图 6-5　空闲线多处理器方式帧示意图

6.1.3　SCI 模块寄存器

下面介绍 SCI 模块寄存器常用的寄存器。

1. SCI 控制寄存器 1（SCICTL1）

7	6	5	4	3	2	1	0
Reserved	RX ERR INT ENA	SW RESET	Reserved	TXWAKE	SLEEP	TXENA	RXENA
R/W-0	R/W-0	R/W-0	R/W-0	R/W-0	R/W-0	R/W-0	R/W-0

SCI 控制寄存器各位功能见表 6-1。

表 6-1　SCI 控制寄存器 1（SCICTL1）各位功能描述

位	名称	值	描　述
7	Reserved（保留位）		读返回 0，写无效
6	RX ERR INT ENA [SCI 接收器错误中断使能位。当 RX ERROR 位（SCIRXST.7）因发生错误而置位时，该位置将允许接收错误中断产生]	0	接收错误中断禁止。系统复位默认状态
		1	接收错误中断使能
5	SW RESET（SCT 软件复位位，低电平有效。受 SW RESET 影响的标志位以及软件复位后的值如下所示。所有受影响的逻辑均保持为特定的复位状态，直到向 SW RESET 写 1。该位不影响 SCI 的配置 软件复位后的值　SCI 标志位　寄存器位 　　1　　　TXRDY　　SCICTI2.7 　　0　　　TXEMPTY　SCICTI2.6 　　0　　　RXWAKE　SCIRXST.1 　　0　　　PE　　　SCIRXST.2 　　0　　　OE　　　SCIRXST.3 　　0　　　FE　　　SCIRXST.4 　　0　　　BRKDT　　SCIRXST.5 　　0　　　RXRDY　SCIRXST.6 　　0　　RX ERROR　SCIRXST.7）	0	写 0 到 SW RESET 位，初始化 SCI 状态机（SCICTI.2）和操作标志（SCIRXST）到复位状态。系统复位默认状态
		1	在系统复位后，通过向 SW RESET 位写 1，重新使能 SCI 模块
4	Reserved（保留位）		读返回 0，写无效
3	TXWAKE [SCI 发送器唤醒方法选择位。TXWAKE 位控制数据发送特性的选择，这取决于 ADDR/IDLE MODE 位（SCICCR.3）指定哪一种发送模式。在空闲线模式下，向 TXWAKE 位写 1，然后向发送数据缓冲器 SCITXBUF 写入数据，将自动产生 11 个数据位的空闲周期。在地址位模式下，向 TXWAKE 位写 1，然后向发送数据缓冲器 SCITX-BUF 写入数据，将会使该帧的地址位置位]	0	发送特性未被选择。系统复位默认状态
		1	发送特性被选择，TXWAKE 位不会被 SW RESET 清零；只能由系统复位或者 TXWAKE 传送到唤醒临时标志（WUT）的过程中被清零

（续）

位	名称	值	描　述
2	SLEEP ［SCI 接收器休眠位。SLEEP 位控制接收器的休眠功能。若 SLEEP 位被软件清 0，会使 SCI 接收器退出休眠模式。若 SLEEP 被软件置 1，接收器进入休眠模式，但仍然接收数据，然而接收器接收数据后不会更新接收缓冲器准备就绪位 RXRDY（SCIRXST. 6）或各错误状态位（SCIRXST. 5~2），直到检测到地址字节。当检测到地址字节时，SLEEP 位不会被清零］	0	休眠模式被禁止。系统复位默认状态
		1	休眠模式被使能
1	TXENA （SCI 发送器使能位，当 TXENA 被置 1，数据位才能通过 SCITXD 引脚进行发送。若复位，只有在以前写入发送数据缓冲器 SCITX-BUF 所有数据均被发送后，传输才会停止）	0	发送器禁止。系统复位默认状态
		1	发送使能
0	RXENA （SCI 接收器使能位，RXENA 被清 0 阻止接收的字符传送到两个接收器缓冲器，即 SCIRXEMU、SCIRXBUF，也阻止产生接收中断请求信号。然而接收移位寄存器能继续进行接收移位和串并转换，因此若在接收一个字符期间 RXENA 被置 1，完整的字符将被传送到两个接收器缓冲器 SCIRXEMU、SCIRXBUF）	0	禁止接收到的字符传送到 SCIRXE-MU、SCIRXBUF。系统复位默认状态
		1	使能接收到的字符传送到 SCIRXE-MU、SCIRXBUF

在配置 SCI 模块寄存器前，一般先清零 SW RESET 位，对 SCI 模块进行软复位操作；在 SCI 模块寄存器配置完毕后，再置位该位，使 SCI 从复位状态中释放，并置位 TXENA 和 RXENA，使能发送器和接收器的工作。

2. SCI 波特率选择寄存器（SCIHBAUD：SCILBAUD）

15	14	13	12	11	10	9	8
BAUD15 (MSB)	BAUD14	BAUD13	BAUD12	BAUD11	BAUD10	BAUD9	BAUD8
R/W–0	R/W–0	R/W–0	R/W–0	R/W–0	R/W–0	R/W–0	R/W–0

7	6	5	4	3	2	1	0
BAUD7	BAUD6	BAUD5	BAUD4	BAUD3	BAUD2	BAUD1	BAUD0 (LSB)
R/W–0	R/W–0	R/W–0	R/W–0	R/W–0	R/W–0	R/W–0	R/W–0

SCI 波特率选择寄存器 SCIHBAUD（高位部分）和 SCILBAUD（低位部分）中的值可以设定 SCI 波特率。SCI 波特率选择寄存器各位功能见表 6-2。

表6-2　SCI 波特率选择寄存器各位功能描述

位	名称	值	描　述
15~0	BAUD15 ~ BAUD0 （SCI 的 16 位波特率选择位）		波特率选择寄存器 SCIHBAUD（高字节）和 SCILBAUD（低字节）组成一个 16 位的波特值 BRR。内部产生的串行时钟由低速外设时钟（LSPCLK）和两个波特率选择寄存器决定。SCI 比特率可以选择 64K 种串行时钟速率中的一个用于通信，计算公式： 对于 $1 \leqslant BRR \leqslant 65536$，SCI 异步波特率 $= \dfrac{LSPCLK}{(BRR+1) \times 8}$ 或者，$BRR = \dfrac{LSPCLK}{SCI \text{波特率} \times 8} - 1$ 对于 $BRR = 0$，SCI 异步波特率 $= LSPCLK/16$，这是系统复位默认状态。这里 BRR 是 16 位波特率选择寄存器中的 16 位值（十进制表示）

3. SCI 控制寄存器 2（SCICTL2）

7	6	5	2	1	0
TXRDY	TXEMPTY	Reserved		RX/BK INT ENA	TX INT ENA
R/W–0	R/W–0	R–0		R/W–0	R/W–0

SCI 控制寄存器 2 各位功能见表 6-3。

表 6-3 SCI 控制寄存器 2（SCICTL2）各位功能描述

位	名称	值	描述
7	TXRDY ［发送缓冲寄存器准备好标志位。TXRDY = 1 表示发送数据缓冲器 SCITXBUF 准备好接收另一个字符，即可向 SCITXBUF 写入下一个字符发送。向 SCITXBUF 写入数据时，TXRDY 位将被自动清零。如果 TX INT ENA 位（SCICTL2.0）被置 1 时，该 TXRDY 标志位置 1 将产生发送器中断请求］	0	发送缓冲寄存器 SCITXBUF 满（不空）。系统复位默认状态
		1	发送缓冲寄存器 SCITXBUF 准备好接收下一个字符（即 SCITXBUF 空）
6	TX EMPTY （发送器空标志位。该位不会引起中断请求）	0	发送缓冲寄存器或移位寄存器或者两者均装有数据（不空）。系统复位默认状态
		1	发送缓冲寄存器和移位寄存器均空
5 ~ 2	Reserved		保留位
1	RX/BK INT ENA ［接收器缓冲器/间断中断使能位。这位控制接收缓冲寄存器准备好标志位 RXRDY（SCIRXST.6）或 SCI 间断检测标志位 BRKDT（SCIRXST.5）被置 1 所引起的中断请求。然而，该位并不能阻止 RXRDY 和 BRKDT 被置 1］	0	禁止 RXRDY/BRKDT 中断。系统复位默认状态
		1	使能 RXRDY/BRKDT 中断
0	TX INT ENA （发送缓冲寄存器中断使能位。这位控制发送缓冲寄存器准备好标志位 TXRDY（SCICTL2.7）被置 1 所引起的中断请求。然而，该位并不能阻止 TXRDY 被置 1，指示发送数据缓冲器 SCITXBUF 准备好接收另一个字符）	0	禁止 TXRDY 中断。系统复位默认状态
		1	使能 TXRDY 中断

在进行 SCI 发送操作之前，一般需要查询当前 SCI 发送器是否做好发送准备或发送器是否为空，TXRDY 和 TXEMPTY 位便提供这样的功能。如果 SCI 未做好发送准备，则需要一直等待。在使能了 SCI 发送 FIFO 功能时，可以通过查询当前发送 FIFO 的状态来确定是否可以向 SCITXBUF 中写入新的数据。TXRDY 和 TX EMPTY 位可以通过有效的软件复位（SW RESET 置位）和系统复位来置位。

4. SCI 接收器状态寄存器（SCIRXST）

7	6	5	4	3	2	1	0
RX ERROR	RXRDY	BRKDT	FE	OE	PE	RXWAKE	Reserved
R-0	R-0	R-0	R-0	R-0	R-0	R-0	R-0

SCI 接收状态寄存器包含 7 个接收器状态标志位（其中 2 个可以产生中断请求）。每一个完整的字符被传送到接收缓冲器（SCIRXEMU 和 SCIRXBUF）时，状态标志就会被更新。表 6-4 描述了该寄存器中的各位功能。

表 6-4 SCI 接收器状态寄存器（SCIRXST）各位功能描述

位	名称	值	描述
7	RX ERROR （SCI 接收器错误标志位。该位指示接收状态寄存器中的一个错误标志被置位，RX ERROR 是间断检测标志 BRKDT、帧错误 FE、超限错 OE 和奇偶校验错误 PE 使能标志（SCIRXST.5 - 2）的或逻辑输出。若 RX ERR INT ENA（SCICTL1.6）位被置位，则该位置 1 时将引发中断请求）	0	没有错误标志位置位。系统复位默认状态
		1	有错误标志置位

```
SciaRegs. SCIHBAUD        = 487 > >8;              // 高 8 位
SciaRegs. SCILBAUD        = 487 & 0x00FF;          // 低 8 位
SciaRegs. SCICTL2. bit. TXINTENA =1;               // 使能发送接收中断
SciaRegs. SCICTL1. all =0x0023;                    // SCI 复位
}
```

4. 主函数实现主循环

```
void main( void)
{
    / *系统初始化 */
    InitSysCtrl( ) :
    DINT;
    InitPieCtrl( );
    IER =0x0000;
    IFR =0x0000;
    InitPieVectTable( );

    EALLOW;
    SysCtrlRegs. WDCR =0x00AF;                      // 使能看门狗
    EDIS;

    GPIO_Init( );                                   // CPIO 初始化
    EALLOW;
    PieVectTable. TINT0 = &Time0_ISR;
    PieVectTable. SCITXINTA = &SCIA_TX_ISR;
    EDIS;
    InitCpuTimers( );
    //每隔 50ms 进入一次中断
    ConfigCpuTimer( &CpuTimer0,150,50000);
    SCIA_init( );                                   // 初始化 SCI
    PieCtrlRegs. PIEIER1. bit. INTx7 =1;            // CPU 定时器 0
    PieCtrlRegs. PIEIER9. bit. INTx2 =1;            // SCIA 发送中断
    IER =0x101;                                     // 使用 INT9 和 INT1 中断
    EINT;                                           // 使能总中断
    CpuTimer0Regs. TCR. bit. TSS =0;                // 启动定时器 0
    while(1)
    {
        SciaRegs. SCITXBUF = message[ index + + ];  // 发送数据
        while( CpuTimer0. InterruptCount <40)       // 40 ×50ms =2s
        {
            EALLOW;
            SysCtrlRegs. WDKEY =0xAA;               // 喂狗
            EDIS;
        }
    }
```

```
        index = 0;
            CpuTimer0. InterruptCount = 0;
        }
    }
```

5. 中断服务程序

```
interrupt void Timer0_ISR( void)
    {
        CpuTimer0. InterruptCount + + ;
        GpioDataRegs. GPBTOGGLE. bit. GPIO34 = 1;          // GPIO34 电平翻转
        EALLOW;
        SysCtrlRegs. WDKEY = 0x55;                          // 喂狗
        EDIS;
        PieCtrlRegs. PIEACK. all = PIEACK_GROUP1;           // PIE 组 1 应答
    }

interrupt void SCIA_TX_ISR( void)                           // SCIA 发送中断服务函数
    {
        if( message[ index]!  = '\0)                         // 若不是字符串结束标志'\0'，继续发送
        {
            SciaRegs. SCITXBUF = message[ index + + ];
        }
        PieCtrlRegs. PIEACK. all = PIEACK_GROUP9;           // PIE 组 9 应答
    }
```

6.2　SPI 同步通信模块

串行外设接口（SPI）是一个高速同步的串行输入输出接口，DSP 通常用于与外设或其他处理器之间的通信。SPI 可采用主/从模式实现多处理器通信，典型的应用包括扩展 I/O、移位寄存器、显示驱动器、模数转换器（ADC）等器件的外设拓展。

6.2.1　SPI 的特点

SPI 最早是由 Freescale 公司在其 MC68HCxx 系列处理器上定义的一种高速同步串行接口。SPI 的总线系统可以直接与各个厂家生产的多标准外围器件直接接口，SPI 接口一般使用 4 条线：SCK、MISO、MOSI、$\overline{\text{CS}}$，具体说明见表 6-8。

当然，并非所有的 SPI 都采用四线制，有的 SPI 接口带有中断信号 INT，有的 SPI 接口没有 MOSI，TMS320F2833x 中 SPI 接口采用四线制。

表 6-8　SPI 接口通用的 4 根线

线路名称	线路作用	线路名称	线路作用
SCK	串行时钟线	MOSI	主机输出/从机输入线
MISO	主机输入/从机输出线	$\overline{\text{CS}}$	低电平有效的从机选择线

SPI 接口的通信原理很简单，它以主从方式进行工作，这种模式的通信系统中通常有一个主设备和多个从设备。其中，$\overline{\text{CS}}$ 信号用于控制从机的芯片是否被选中，系统内有一个主

（续）

位	名　称	值	描　述
1	TALK （主/从传输使能位。该位能将串行数据输出放置在高阻态而禁止数据传输。如果在传输过程中该位被清 0，配置为禁止传输，发送移位寄存器仍继续操作直到先前的字符被移出。当该位被清 0 时，SPI 仍然可接收字符，更新状态标志。TALK 位能被系统复位清 0）	0	禁止传输模式。系统复位默认状态 对于从模式，如果 SPI 引脚以前没有被配置为通用 I/O 引脚，则 SPISOMI 引脚被将被置为高阻态 对于主模式，如果 SPI 引脚以前没有被配置为通用 I/O 引脚，SPISIMO 将被置为高阻态
		1	使能 4 个引脚的数据传输，要确保使能接收器的SPISTE输入引脚
0	SPI INT ENA ［SPI 中断使能。该位控制 SPI 产生发送/接收中断。SPI 中断标志位（SPISTS.6）不受该位影响］	0	禁止中断
		1	使能中断

3. SPI 波特率寄存器（SPIBRR）

7	6		0
Reserved	SPI BIT RATE 6～0		
R-0	R/W-0		

　　SPI 波特率寄存器用于设置波特率。若 SPI 设备为主模式，该寄存器的 6～0 位决定了通信速率。有 125 种不同波特率可供选择。每个 SPICLK 时钟移一位数据。若 SPI 设备为从模式，则 SPICLK 引脚接收外部主设备提供的时钟，因此 SPI 波特率控制位不影响 SPICLK 信号。要注意的是，来自主机的输入时钟频率不能超过 SPI 从机 LSPCLK 的 1/4。寄存器各位功能见表 6-11。

表 6-11　SPI 波特率寄存器（SPIBRR）各位功能描述

位	名　称	值	描　述
7	Reserved		保留位。读返回 0，写无效
6～0	SPI BIT RATE6 ～ SPI BIT RATE0	0～127	SPI 波特率选择位决定 SPI 主机模式下 SPICLK 引脚输出的 SPICLK 频率。主机 SPI 模块的波特率由下列公式决定： 对于 3≤SPIBRR≤127，SPI 波特率 = LSPCLK/（SPIBRR + 1）或者，SPIBRR = LSPCLK/SPI 波特率 - 1 对于 0≤SPIBRR≤2，SPI 波特率 = LSPCLK/4

4. SPI 状态寄存器（SPISTS）

7	6	5	4	0
RECEIVER OVERRUN FLAG	SPI INT FLAG	TX BUF FULL FLAG	Reserved	
R/C-0	R/C-0	R/C-0	R-0	

　　SPI 状态寄存器 SPISTS 主要反映 SPI 目前的工作状态。向寄存器标志位写 0 无效。当 0 - VERRUN INT ENA（SPICTL.4）置位时，RECEIVER OVERRUN FLAG（SPISTS.7）置位，SPI 将响应 SPISTS.7 的置位中断；如果该标志位继续保持置位状态，则 SPI 不再响应后

续的接收超载中断。为了能响应新的中断，就要求每次超载发生前都要清除 SPISTS.7，也就是说，中断服务程序不会自动清除该位。第 7 位和第 6 位共享同一个中断向量。寄存器各位功能见表 6-12。

表 6-12　SPI 状态寄存器（SPISTS）各位功能描述

位	名　　称	值	描　　述
7	RECEIVER OVERRUN FLAG ［SPI 接收过载标志位。该位只读/清除位。当前一个字符还未被读取就完成了下一个字符的接收或发送时，硬件将该位置位。若 OVERRUN INT ENA 位（SPICTL.4）被置 1，每当该位被置 1，SPI 就请求一次中断。可用下列 3 种方式之一将该标志位清 0： 　方式 1 清 0：向该位写 1 自动清 0。 　方式 2 清 0：向 SPI 软件复位位 SPI SW RESET（SPICR.7）写 0 清 0。 　方式 3 清 0：系统复位自动清 0。 　如果该位已经置 1 了，后续的接收过载就不会再产生 SPI 中断请求。这就意味着为了允许新接收过载中断请求，每当接收过载发生后，用户必须向该位写 1 来清 0 该位］	0	写 0 无效。系统复位默认状态
		1	该位置位，表明前一个字符被覆盖并丢失写 1 清除该位。应在中断服务程序中对该位写 1 清 0，因为它与 SPI 中断标志位（SPISTS.6）共享一个中断向量。当下一个字节被接收时，能消除中断源产生的疑问
6	SPI INT FLAG ［SPI 中断标志位，该位只读/清除位。若 SPI 中断使能位 SPI INT ENA（SPICTL.0）被软件置 1，则当 SPI INT FLAG 被硬件自动置 1 时将产生一个 SPI 中断。可用下列 3 种方式之一将该标志位清 0： 　方式 1 清 0：读 SPIRXRUF 自动清 0。 　方式 2 清 0：向 SPI SW RESET（SPICCR.7）写 0。 　方式 3 清 0：系统复位自动清 0］	0	写 0 无效。系统复位默认状态
		1	SPI 硬件将该位置 1 指示 SPI 已完成字符最后一位发送或接收，接收的字符同时存入接收缓冲器，准备为中断服务
5	TX BUF FULL FLAG ［SPI 发送缓冲器满标志位，该位只读/清除位。可用下列两种方式之一清 0 该标志位： 　方式 1 清 0：一个字符移出后且 SPITXBUF 中的字符自动装载到 SPIDAT 中时，该位被自动清 0 　方式 2 清 0：系统复位自动清 0］	0	写 0 无效。系统复位默认状态
		1	当一个字符被写入 SPI 发送缓冲器（SPITXBUF）时，该位被硬件自动置 1
4~0	Reserved		保留位。读返回 0，写无效

5. SPI 的 FIFO 寄存器

（1）SPI FIFO 发送寄存器（SPIFFTX）

15	14	13	12　8	7	6	5	4　0
SPIRST	SPIFFENA	TXFIFO Reset	TXFFST4~0	TXFFINT Flag	TXFFINT CLR	TXFFIENA	TXFFIL4~0
R/W-1	R/W-0	R/W-1	R-0	R-0	W-0	R/W-0	R/W-0

SPI FIFO 发送寄存器各位功能见表 6-13。

使用 LAM0、LAM1 和 CANGAM 对输入的消息进行滤波。寄存器 LAM0 是邮箱 0、1 和 2 的掩码寄存器；LAM1 用于邮箱 3、4 和 5；CANGAM 用于邮箱 6～15。实际使用时，SCC 模式没有任何优势。DSP 复位后 SCC 是默认模式。

HECC 模式下，32 个邮箱中的每一个邮箱都可以编程作为消息过滤器。这里的"过滤"意味着我们可以声明传入消息的标识符哪一个或哪几个位作为"不关心"。这是通过将 LAMx 设置为 1 来实现的。

例如，在 HECC 模式下设置 LAM0 = 0x0000 0007，则邮箱 0 将会忽略传入标识符的 bit0、bit1 和 bit2 这 3 位信息。若剩余的标识符与邮箱 0 寄存器 MSGID 中的相应位匹配，则将存储该消息。

SCC 或 HECC 模式由寄存器 CANMC 中的"SCB"位选择。

表 6-28　CAN 本地接收掩码寄存器（LAMn）各位功能描述

位	字段	说　明
31	LAMI	本地验收屏蔽标识符扩展位。 1：可以接收标准和扩展帧。在扩展帧的情况下，标识符的所有 29 位被存储在邮箱中，本地接收屏蔽寄存器的所有 29 位被过滤器使用。在一个标准帧的情况下，只有标识符的头 11 个位（28～18 位）和本地验收屏蔽被使用。 0：存储在邮箱中的标识符扩展位决定了哪些消息应该被接收到
30～29	Reserved	保留。读取未定义，写入无效
28～0	LAMn［28:0］	这些位启用一个进入消息的任意标识符位的屏蔽。1：针对接收到的标识符的相应位，接收一个 0 或 1（无关）。0：接收到的标识符位值必须与 MSGID 寄存器的相应标识符位相匹配

12. CAN 主控寄存器（CANMC）

31							17	16
Reserved								SUSP
R-0								R/W-0

15	14	13	12	11	10	9	8
MBCC	TCC	SCB	CCR	PDR	DBO	WUBA	CDR
R/WP-0	SP-x	R/WP-0	R/WP-1	R/WP-0	R/WP-0	R/WP-0	R/WP-0

7	6	5	4				0
ABO	STM	SRES	MBNR				
R/WP-0	R/WP-0	R/S-0	R/W-0				

注：R=读取，WP=只在 EALLOW 模式时写入，S=仅在 EALLOW 模式中设置；-n=复位后的值；x=不确定。
请注意:只适用于 eCAN，被保留在 SCC 中。

主控制寄存器用于控制 CAN 模块的设置，各位功能见表 6-29。CANMC 寄存器的一些位受 EALLOW 保护。对于读取/写入操作，只支持 32 位的访问。

表 6-29　CAN 主控寄存器（CANMC）各位功能描述

位	字段	说　明
31～17	Reserved	保留。读取未定义，写入无效
16	SUSP	SUSPEND（等待）。该位确定 SUSPEND 中 CAN 模块的运行（如断点或单步进仿真停止）。1：FREE（自由）模式。外设继续在 SUSPEND 模式中运行。在 SUSPEND 模式时，该节点将参与 CAN 正常通信（发送确认、产生错误帧、发送/接收数据）。0：SOFT（软）模式。在 SUSPEND 模式期间，当前传输完成后，外设关闭

（续）

位	字段	说 明
15	MBCC	邮箱时间戳计数器清除位。该位保留在 SCC 模式并受 EALLOW 保护。1：在邮箱传输或接收成功后，时间戳计数器复位为 0。0：时间戳计数器不复位
14	TCC	时间戳计数器 MSB 清除位。该位保留在 SCC 模式并受 EALLOW 保护。1：时间戳计数器的 MSB 复位为 0。在内在逻辑的一个时钟周期后，TCC 位复位。0：时间戳计数器没被更改
13	SCB	SCC 兼容性位。该位保留在 SCC 模式并受 EALLOW 保护。1：选择 eCAN 模式。0：eCAN 处于 SCC 模式。只有邮箱 0～15 可以使用
12	CCR	更改配置请求。此位受 EALLOW 保护 1：CPU 请求到配置寄存器 CANBTC 的写入访问和 SCC 的接收屏蔽寄存器（CANGAM，LAM［0］和 LAM［3］）。该位置位后，在进入到 CANBTC 寄存器之前，CPU 必须等待，直到 CANES 寄存器的 CCE 标志为 1。如果 ABO 位没被置位，在总线关闭状态时，CCR 位也将被置位。BO 状态可以通过清除该位（在总线上的 128×11 连续隐性位之后）退出 0：CPU 请求正常运作。这只有在配置寄存器 CANBTC 被设定到允许值后完成。在强制总线关闭恢复序列中，它还会退出总线关闭状态
11	PDR	断电模式请求。在从低功耗模式唤醒后，该位被 eCAN 模块自动清除。该位受 EALLOW 保护。1：请求本地断电模式。0：没有请求局部断电模式（正常操作）。 请注意：如果一个应用程序为一个邮箱将 TRSn 置位，然后立即设定 PDR 位，CAN 模块在不传送数据帧的情况下进入 LPM。这是因为从 RAM 邮箱被转移到发送缓冲区的数据大约需要 80 个 CPU 周期。因此，应用必须确保在写入 PDR 位之前就已经完成所有等待的传输。TAn 位可被轮询，以确保传输的完成
10	DBO	数据字节顺序。1：先传输最低有效位；0：先传输最高有效位
9	WUBA	总线唤醒位。1：总线有活动唤醒；0：只有 PRD 位写 0 唤醒
8	CDR	改变数据区请求位 1：CPU 请求向 MBNR（4：0）表示的邮箱数据区写数据。邮箱访问完成后，必须将 CDR 位清除。CDR 置位时，CAN 模块不会发送邮箱里的内容 0：CPU 请求正常操作
7	ABO	自动总线连接位，受 EALLOW 保护 1：在总线脱离状态下，检测到 128×11 隐性位后，模块将自动恢复总线的连接状态 0：总线脱离状态只有在检测到 128×11 连续的隐性位并且已经清除 CCR 位后才跳出
6	STM	自测度模式使能位，受 EALLOW 保护 1：模块工作在自测度模式，在这种工作模式下，CAN 模块产生自己的应答信号；0：无响应
5	SRES	该位只能进行写操作，读操作结果总是 0 1：进行写操作，导致模块软件复位（除保护寄存器外的所有参数复位到默认值）；0：没有影响
4～0	MBNR	1：MNR.4 只有在 eCAN 模式下才使用，在标准模式保留 0：邮箱编号，CPU 请求向相应的数据区写数据，与 CDR 结合使用

CAN 模块在 SUSPEND（中止）时工作：

1）如果 CAN 总线空闲并且 SUSPEND 模式发出请求，那么节点转入 SUSPEND 模式。

2）如果 CAN 总线不空闲并且 SUSPEND 模式发出请求，那么节点在正在进行的帧传输结束后转入 SUSPEND 状态。

3）如果节点正在传输，SUSPEND 被请求时，那么节点在得到应答后转入 SUSPEND 状态。如果节点没有得到应答或出现其他错误，那么节点在发送一个错误帧后转 SUSPEND 状态，对 TEC 做出相应的修改。第二种情况，即节点在发送错误帧后中止，则节点在解除中止状态后，重新传输原来的帧。传输相应的帧后 TEC 被修改。

4）如果节点正在接收时，当 SUSPEND 被请求时，它将在发出确认位后转入 SUSPEND 状态。如果出现任何错误，节点发送一个错误帧后转入 SUSPEND 状态。进入 SUSPEND 状态前对 REC 进行相应修改。

5）如果 CAN 总线空闲并且 SUSPEND 去除被请求，那么节点脱离 SUSPEND 状态。

6）如果 CAN 总线不空闲并且 SUSPEND 去除被请求，那么节点在总线进入空闲状态后脱离 SUSPEND 状态。因此，节点不接收任何会产生错误帧的"部分"帧。

7）节点中止时，它不参与传输或接收的任何数据。因此，既不会有确认位发送，也不会有错误帧发送。在 SUSPEND 状态期间，TEC 和 REC 都不会被修改。

6.3.4　CAN 中断寄存器

1. 全局中断使能/屏蔽寄存器（CANGIM）

31							18	17	16
Reserved								MTOM	TCOM

15	14	13	12	11	10	9	8	7　　　3	2	1	0
Reserved	AAM	WDIM	WUIM	RMLIM	BOIM	EPIM	WLIM	Reserved	GIL	I1EN	I0EN

中断屏蔽位：写 0 = 禁止中断；写 1 = 允许中断。全局中断使能/屏蔽寄存器（CANGIM）各位功能如下：

1）MTOM = 邮箱超时掩码。

2）TCOM = 时间戳计数器溢出掩码。

3）AAM = 中止应答中断屏蔽。

4）WDIM = 写拒绝中断屏蔽。

5）WUIM = 唤醒中断屏蔽。

6）RMLIM = 接收消息丢失中断屏蔽。

7）BOIM = 总线关闭中断屏蔽。

8）EPIM = 错误被动中断掩码。

9）WLIM = 警告级别中断屏蔽。

全局中断级别（GIL）：

对于中断 TCOF、WDIF、WUIF、BOIF 和 WLIF，0 = 映射到中断线路 0 – ECAN0INT；1 = 映射到中断线路 1 – ECAN1INT。

1）中断 1 使能（I1EN）：0 = 禁止中断线路 1；1 = 使能中断线路 1。

2）中断 0 使能（I0EN）：0 = 禁止中断线路 0；1 = 使能中断线路 0。

2. 全局中断 0 标志寄存器（CANGIF0）

31							18	17	16
Reserved								MTOF0	TCOF0

15	14	13	12	11	10	9	8	7　　5	4　　　　　0
GMIF0	AAIF0	WDIF0	WUIF0	RMLIF0	BOIF0	EPIF0	WLIF0	Reserved	MIV0.4～MIV0.0

1）MTOF0 = 邮箱超时标志。TCOF0 = 时间戳计数器溢出标志。GMIF0 = 全局邮箱中断

标志。AAIF0 = 中止应答中断标志。WDIF0 = 写拒绝中断标志。WUIF0 = 唤醒中断标志。RMLIF0 = 接收消息丢失中断标志。BOIF0 = 总线关闭中断标志。EPIF0 = 错误被动中断标志。WLIF0 = 警告级别中断标志。上述标志位，"0" = 未发生中断；"1" = 发生中断。

2）MIV0.4 ~ MIV0.0 = 设置能够触发全局中断的邮箱编号，在 SCC 模式下只有 MIV0.3 ~ MIV0.0 有效。

非 SCC 模式下，邮箱 31 的中断优先级最高；SCC 模式下，邮箱 15 的中断优先级最高。

3. 全局中断 1 标志寄存器（CANGIF1）

31					18	17	16
Reserved						MTOF1	TCOF1

15	14	13	12	11	10	9	8	7	5	4	0
GMIF1	AAIF1	WDIF1	WUIF1	RMLIF1	BOIF1	EPIF1	WLIF1	Reserved		MIV.4 ~ MIV1.0	

MTOF1 = 邮箱超时标志。TCOF1 = 时间戳计数器溢出标志。GMIF1 = 全局邮箱中断标志。

AAIF1 = 中止应答中断标志。WDIF1 = 写拒绝中断标志。WUIF1 = 唤醒中断标志。RMLIF1 = 接收消息丢失中断标志。BOIF1 = 总线关闭中断标志。EPIF1 = 错误被动中断标志。WLIF1 = 警告级别中断标志。上述标志位，"0" = 未发生中断；"1" = 发生中断。

4. CAN 邮箱中断使能/屏蔽寄存器（CANMIM）

31	16	15	0
CANMIM[31:16]		CANMIM[15:0]	

0 = 禁用邮箱中断；1 = 启用邮箱中断。若消息被成功发送或消息被成功接收，则产生中断。

5. CAN 邮箱中断级别寄存器（CANMIL）

31	16	15	0
CANMIL[31:16]		CANMIL[15:0]	

0 = 在中断线路 0（ECAN0INT）上生成邮箱中断；1 = 在中断线路 1（ECAN1INT）上产生邮箱中断。

6.3.5　CAN 传输速率配置

CAN 协议规范将 Bit Timing（传输时间）分为四个不同的时间段，如图 6-16 所示。

1）SYNC_ SEG：同步节点，长度总为 1 个时间量（TQ）。

2）PROP_ SEG：CAN 网络中用于物理延迟的补偿时间（输入比较延迟和输出驱动延迟之和的两倍），为 1 ~ 8 个 TQ。

3）PHASE_ SEG1：上升沿相移补偿，为 1 ~ 8 个 TQ。

4）PHASE_ SEG2：下降沿相移补偿，为 2 ~ 8 个 TQ。

其中：

① $tseg1 = PROP\_ SEG + PHASE\_ SEG1$

② $tseg2 = PHASE\_ SEG2$

③ $TQ = SYNCSEG$

④ $TCAN = TQ + tseg1 + tseg2$

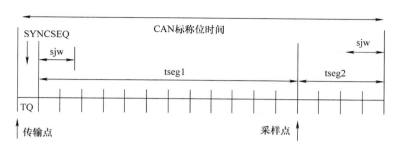

图 6-16　传输时间的四个阶段

根据 CAN 标准，须满足以下规则：

① tseg1 ≥ tseg2；

② 3/BRP ≤ tseg1 ≤ 16TQ；

③ 3/BRP ≤ tseg2 ≤ 8TQ；

④ 1TQ ≤ sjw ≤ MIN［4 × TQ，tseg2］；

⑤ 若使用三采样模式，则有 BRP ≥ 5。

1. CAN 位时序配置寄存器（CANBTC）

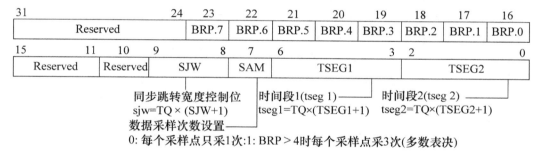

波特率预分频器（BRP）用来定义时间因子（TQ）：$TQ = (BRP + 1)/BaseCLK$。其中，283xx、2803x 器件，BaseCLK = SYSCLKOUT/2；

281x、280x 和 2801x 器件，BaseCLK = SYSCLKOUT。

如 BaseCLK = 75MHz 并以 80% 的位时间采样点，相关寄存器配置见表 6-30。

表 6-30　寄存器相应配置

CAN 速率	BRP	TSEG1	TSEG2
1Mbit/s	4	10	2
500kbit/s	9	10	2
250kbit/s	19	10	2
125kbit/s	39	10	2
100kbit/s	49	10	2
50kbit/s	99	10	2

如 CAN 速率为 100kbit/s，则：

$TQ = (49 + 1)/75MHz = 0.667\mu s$；

$tseg1 = 0.667\mu s \times (10 + 1) = 7.337\mu s$；

$$tseg2 = 0.667\mu s \times (2+1) = 2\mu s;$$

$$tCAN = 10\mu s$$

总结：波特率表示每秒钟能够传输的位数。波特率 = (SYSCLKOUT/2)/(BRP × Bit_time)。

其中，SYSCLKOUT 是 CAN 模块的系统时钟，与 CPU 的系统时钟相同；Bit_time 表示每一位所需要的时间因子 TQ，Bit_time = (TSEG1 + 1) + (TSEG2 + 1) + 1。

2. CAN 错误和状态寄存器（CANES）

31		25	24	23	22	21	20	19	18	17	16
	Reserved		FE	BE	SA1	CRCE	SE	ACKE	BO	EP	EW

15				6	5	4	3	2		1	0
	Reserved				SMA	CCE	PDA	Reserved		RM	TM

1）格式错误（FE）：0 = 正常；1 = 消息的某一个位字段出错。

2）位错误（BE）：0 = 未检测到错误；1 = 接收位与发送位不匹配（仲裁字段之外）。

3）主导错误（SA1）：0 = CAN 模块检测到一个隐性位；1 = CAN 模块未检测到隐性位。

4）循环冗余校验错误（CRCE）：0 = 正常工作；1 = 接收到错误的 CRC。

5）填充位错误（SE）：0 = 正常；1 = 发生填充位错误。

6）应答错误（ACKE）：0 = 正常；1 = CAN 模块未接收到 ACK。

7）总线关闭状态（BO）：0 = 正常；1 = CANTEC 已达到 256 的限制。

8）错误被动状态（EP）：0 = CAN 处于错误主动模式；1 = CAN 处于错误被动模式。

9）警告状态（EW）：0 = 两个错误计数器的值都小于 96；1 = 至少 1 个错误计数器的值超过 96。

10）挂起模式应答位（SMA）：0 = 正常；1 = CAN 模块已进入挂起模式。注意：当 DSP 不在运行模式时，挂起模式由调试器激活。

11）更改配置使能位（CCE）：0 = CPU 无法写入配置寄存器；1 = 可对寄存器进行写访问。

12）断电模式应答位（PDA）：0 = 正常；1 = CAN 模块已进入掉电模式。

13）接收模式状态位（RM）：0 = CAN 控制器未在接收消息；1 = CAN 控制器正在接收消息。

14）发送模式状态位（TM）：0 = CAN 控制器未在发送消息；1 = CAN 控制器正在发送消息。

3. CAN 错误计数器（CANTEC/CANREC）

31	8	7	0
		TEC	

31	8	7	0
		REC	

发送错误计数器（TEC）：TEC 值可根据 CAN 协议规范增加或减少。

接收错误计数器（REC）：REC 值可根据 CAN 协议规范增加或减少。

6.3.6 CAN 模块的应用

【例6-3】 CAN 使用邮箱 5 作为传输邮箱发送一个数据帧。其中 CAN 波特率为

100kbit/s，消息标识符 0x1000 0000（扩展帧）。

实现步骤以及关键代码如下：

1. 配置 CPU 的系统时钟

SYSCLKOUT = 150MHz，CAN 输入时钟为 75MHz，此处代码省略。

2. GPIO 初始化

GPIO_ Init（）函数中，配置 GPIO30 和 GPIO31 引脚为"CANA_ RX"和"CANA_ TX"，并将 GPIO34 配置为输出。

```
GpioCtrlRegs. GPAMUX2. bit. GPIO30 = 1;        // CANA_RX
GpioCtrlRegs. GPAMUX2. bit. GPIO31 = 1;        // CANA_TX
```

3. 对寄存器 CANBTC 进行配置

```
BRP = 49
TSEG1 = 10
TSEG2 = 2
```

4. 实现主函数

```
void main( void)
{
    int counter = 0;                              //记录产生中断次数
    struct   ECAN_REGS ECanaShadow;
    / * 系统初始化 */
    InitSysCtrl( ):
    DITN;
    InitPieCtrl( );
    IER = 0x0000;
    IFR = 0x0000;
    InitPieVectTable( );

    GPIO_Init( ):                                // GPIO 初始化
    InitECan( );                                 // CAN 初始化
    ECanaMboxes. MBOX5. MSGID. all = 0x10000000;  // 消息 ID
    ECanaMboxes. MBOX5. MSGID. bit. IDE = 1;      // 使用扩展帧

    / * 邮箱 5 - 发送模式 */
    ECanaShadow. CANMD. all = ECanaRegs. CANMD. all;
    ECanaShadow. CANMD. bit. MD5 = 0;
    ECanaRegs. CANMD. all = ECanaShadow. CANMD. all;

    / * 使能邮箱 5 */
    ECanaShadow. CANME. all = ECanaRegs. CANME. all;
    ECauaShadow. CAME. bit. ME5 = 1;
    ECanaRegs. CANME. all = ECanaShadow. CANME. all;

    / * 数据长度为 1 个字节 */
```

```
        ECanaMboxes. MBOX5. MSGCTRL. all = 0;
        ECanaMboxes. MBOX5. MSGCTRL. bit. DLC = 1;

        EALLOW;
        PieVectTable. TINT0 = &Time0_ISR;              //将定时器0的函数入口提供
                                                       //给 PIE 中断向量表
        EDIS;

        InitCpuTimers();                               //定时器初始化
        ConfigCpuTimer(&CpuTimer0,150. 100000);        //每隔100ms进入中断
        PieCirlRegs. PIEIER1. bit. INTx7 = 1;          //使能定时器0中断
        IER │ = 1;                                     //使能 INTI
        EINT;                                          //使能总中断
        CpuTimer0Regs. TCR. bit. TSS = 0;              //启动定时器
        while(1)
        {
                while( CpoTimer0. InterruptCount < 10)  //等待 10×100ms
                {
                    EALLOW;
                    SysCtrlRegs. WDKEY = 0xAA;          //喂狗
                    EDIS;
                }
                CpuTimer0. InterruptCount = 0;
                ECanaMboxes. MBOX5. MDL. byte. BYTE0 = counter & 0x00FF;//写入消息
                ECanaShadow. CANTRS. all = 0;
                ECanaShadow. CANTRS. bit. TRS5 = 1;     //发送消息
                ECanaRegs. CANTRS. all = ECanaShadow. CANTRS. all;
                //等待 TA5 置位(等待发送成功)
                while( ECanaRegs. CANTA. bit. TA5 = = 0)
                {
                    EALLOW;
                    SysCtrlRegs. WDKEY = 0xAA;          //喂狗
                    EDIS;
                }
                ECanaShadow. CANTA. all = 0;
                ECanaShadow. CANTA. bit. TA5 = 1;       //发送成功应答
                ECanaRegs. CANTA. all = ECanaShadow. CANTA. all;
                counter + + ;
                GpioDataRegs. GPBTOGGLE. bit. GPIO34 = 1;  //GPIO 翻转电平
        }
}
```

参 考 文 献

［1］郑玉珍. DSP 原理及应用［M］. 北京：机械工业出版社，2020.

［2］侯其立，等. DSP 原理及应用［M］. 北京：机械工业出版社，2018.

［3］符晓，等. TMS320F28335 DSP 原理、开发及应用［M］. 北京：清华大学出版社，2017.

［4］张小鸣. DSP 原理及应用——TMS320F28335 DSP 架构、功能模块及程序设计［M］. 北京：清华大学出版社，2019.

［5］杨家强. DSP 原理与应用——基于 TMS320F2833x 的实践［M］. 北京：清华大学出版社，2019.

［6］刘陵顺，等. TMS320F28335 DSP 原理及开发编程［M］. 北京：北京航天航空大学出版社，2011.

［7］张东亮. DSP 控制器原理与应用［M］. 2 版. 北京：机械工业出版社，2019.

［8］张东亮. Piccolo 系列 DSP 原理与应用［M］. 北京：机械工业出版社，2017.

［9］苏奎峰，等. TMS320x28xxx 原理与开发［M］. 北京：电子工业出版社，2009.

［10］孙丽明. TMS320F2812 原理及其 C 语言程序设计［M］. 北京：清华大学出版社，2008.